U0256619

量子力学速成教程

范洪义　王肇中　著

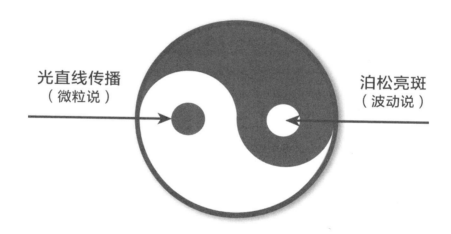

光直线传播
（微粒说）

泊松亮斑
（波动说）

中国科学技术大学出版社

内 容 简 介

本书是一本去粗取精、速成教学量子力学前沿的教材. 以狄拉克符号为语言, 以光辐射和吸收为背景讲解量子力学, 结合笔者提出的有序算符内的积分方法(IWOP方法), 让读者从数学上快速理解量子力学学业, 真正学到一个系统, 能系统地了解量子论本身的特殊数学精髓和表象变换, 并能驾驭之. 内容包括量子力学作为描述光辐射和吸收机制的理论、现代量子力学理论的酝酿期、海森伯方程和薛定谔方程、结合薛定谔算符与海森伯方程用不变本征算符求能级、用IWOP方法诠释玻恩的概率假设和玻尔的对应原理, 建立量子纠缠态表象等. 旨在让读者了解量子力学本身特有数学所蕴含的物理, 在欣赏数学物理的符号之美的同时, 深化物理概念, 萌发科研创作的激情.

本书可供物理类、数学类专业本科生及研究生使用.

图书在版编目(CIP)数据

量子力学速成教程/范洪义, 王肇中著 .—合肥: 中国科学技术大学出版社, 2023.10
ISBN 978-7-312-05737-3

Ⅰ. 量… Ⅱ. ① 范… ② 王… Ⅲ. 量子力学—教材 Ⅳ. O413.1

中国国家版本馆 CIP 数据核字(2023)第 176722 号

量子力学速成教程

LIANGZI LIXUE SUCHENG JIAOCHENG

出版	中国科学技术大学出版社
	安徽省合肥市金寨路96号, 230026
	http://press.ustc.edu.cn
	https://zgkxjsdxcbs.tmall.com
印刷	安徽国文彩印有限公司
发行	中国科学技术大学出版社
开本	710 mm×1000 mm 1/16
印张	8.5
字数	157千
版次	2023年10月第1版
印次	2023年10月第1次印刷
定价	40.00元

前　言

　　量子世界的启蒙者和引路人普朗克说："量子论本质上是数学的……"爱因斯坦也说："在几年独立的科学研究之后，我才逐渐明白了在科学探索的过程中，通向更深入的道路是同最精密的数学方法联系在一起的."所以，《量子力学速成教程》是以数学推导为主线来使量子物理明晰起来的.

　　古人云："夫意似曲而善托，调以杳而弥深."量子力学的意境曲而杳，是直觉联想的蜿蜒演绎.先是玻尔碍于电子做变速运动会辐射而渐渐消耗能量最终掉到原子核上去而不得不假定原子可能处于稳定轨道（稳定态），只有从一个稳态（初态）跃迁到另一个稳态（终态）的情况下才发生光辐射.这是稳中生变的意境，如落叶坠入静水，冲然而澹.但是他的后辈海森伯脑中的意境不是轨道稳态，而是与跃迁轨道相联系的一组可观察量，每个量都和两个元素（即初态和终态）关联.然而，如何将可观察量适配于经典的牛顿力学方程呢？海森伯束手无策，处于不安的意境，因为他的可观察量之间不可交换（后即为另一物理学家玻恩所感悟到，这是两个矩阵乘法的不可交换，或称为两个算符不对易，于是矩阵力学应运而生），这难道是个死胡同吗？幸亏狄拉克及时出手使海森伯摆脱了困境，狄拉克将百年前牛顿力学的哈密顿形式下的泊松括号类比量子括号，于是物理意境豁然开朗.此后，"在量子力学形式体系中，通常用来定义物理体系状态的那些物理量，被换成了一些符号性的算符（矩阵），这些算符服从着与普朗克恒量有关的非对易算法"（玻尔所言）.可见量子力学的发展必依托数学.

稍晚于海森伯的另一位物理学家薛定谔, 根据德布罗意波提出了一个波动方程, 方程的解称为波函数. 为了将海森伯和薛定谔的理论熔于一炉, 1926 年狄拉克花了一年时间发明了一套能表现量子力学本质的数学–符号法 (这受到海森伯的称赞), 把玻尔的定态跃迁表示为从初态 "ket $|\rangle$" 向终态 "bra $\langle|$" 的演化, 而海森伯 (Heisenberg) 算符自然就可用 ket-bra 表示, 例如真空场算符用 $|0\rangle \langle 0|$ 表示. 狄拉克天才般地将薛定谔 (Schrödinger) 波函数归结为 $\langle\,|\,\rangle$, 是态矢量 ket 向某个 bra 的投影, 而 bra 构成一个完备的基矢量. 他又发明 δ 函数, 用以完成连续表象理论. 狄拉克在 70 岁时回忆道: "……尝试建立一个有数学美的原理, 我们可能还不知道这方程的物理, 可是具有极致的美."

狄拉克的符号法有平淡简洁的特点. 牛顿曾说: "寻求自然事物的原因, 不得超出真实和足以解释其现象者." 在另一场合, 他又说: "自然界不做无用之事, 若少做已经成功, 多做便无用." 所以, 新引入的符号若想永垂不朽, 必须不多不少, 表述恰如其分, 无雕琢之痕迹, 有平淡出于自然之感. 因此本书认为, 学习量子力学的捷径是先熟悉量子力学的数学符号——狄拉克的符号法, 习惯它并掌握它的基本性质, 习惯成自然, 然后慢慢体会其涉及的物理概念.

20 世纪 40 年代, "二战" 刚结束时, 有个学量子力学的人问数学物理学家冯·诺依曼如何学习量子论. 冯·诺依曼回答说: "年轻人, 习惯它是第一位的, 而理解事情则是次要的." 若有兴趣的人想在短时间内了解量子力学, 就应融入 "量子社会" 中, 先习惯量子的基本语言, 如量子化、波函数、能级、跃迁和量子纠缠等. 本书作者经过半个世纪的自学与探索, 认为作为量子力学的启蒙学读本, 习惯狄拉克 (Dirac) 符号是首要的, 若能学会本书倡导的有序算符内的积分方法就可进一步深入理解量子力学的结构和美.

古人云: "悟者悟心也, 能见悟心便是真悟." 我们悟到狄拉克符号的功能是:

(1) 系统状态的波函数 $\psi(x)$ 看成在抽象空间中的态矢量 $|\psi\rangle$, ket

（右矢），在 bra（左矢）上的投影：

$$\psi(x) = \langle x | \psi \rangle$$

这一分解抽象出 $\langle x |$，其集合构成坐标表象（不是哲学意义的. 在哲学范畴上, 表象是事物不在眼前时人们在头脑中出现的关于事物的形象; 从信息加工的角度来讲, 表象是指当前不存在的物体或事件的一种知识表征, 这种表征具有鲜明的形象性）.

　　而在量子力学里, 态和力学量的具体表述方式成为表象（representation）, 力学量的本征表象是指可以将算符用数来明确表示的"框架". 即在力学量 (算符) 的自身表象中, 算符表现为普通数, 例如坐标算符 X 在自身表象中可表达为

$$X |x\rangle = x |x\rangle$$

体系的状态是以坐标的函数（波函数）来描写的, 力学量则是以作用在这种波函数上的运算（如微分运算）来表示的. 各种表示之间的等价相互变换则称为表象变换, 这些变换有的可以用幺正变换相联系, 有的则不能, 而有资格称为表象的是其必须有完备性.

　　(2) 狄拉克符号的另一功能是把算符写成 $|A\rangle \langle B|$ 的形式.

　　当 $A = B$ 时, $|A\rangle \langle A|$ 称为纯态, 例如, 真空场算符就是 $|0\rangle \langle 0|$. 它可被作为粒子态空间的基本算符来研究. 本书作者指出除了纯态表象外还应该有混态表象, 例如 $\sum_l C_l |\psi\rangle_{ll} \langle \psi|$ 称为混合态, 混合态尤其在量子光学和量子统计中有用. 研究混合态的时间演化的方程有别于求波函数的薛定谔方程, 需特殊的算符数学 (即作者提出的有序算符内的积分方法来解).

　　(3) 测量算符可以用对称的 ket-bra 表示, 如测量粒子发现其在坐标 x 可以写为 δ 算符

$$\delta(x - X) = |x\rangle \langle x|$$

　　(4) 给出表象完备的简式.

从物理学的角度考虑, 任意连续变量物理态 $|\psi\rangle$ 的概率波的完整性要求

$$\int_{-\infty}^{\infty} \mathrm{d}x \psi^*(x) \psi(x) = 1$$

换成狄拉克的符号来表示, 可以得出此表象的完备性关系

$$\int_{-\infty}^{\infty} \mathrm{d}x \, |x\rangle \langle x| = 1$$

大家都认可它的成立是出自物理要求, 即在全空间找到粒子的概率为 1. 但范洪义于 1966 年还在学生时代自学《量子力学原理》时便注意到了此式并没有在数学意义上实现牛顿–莱布尼茨积分. 如果不经意地写下

$$\int_{-\infty}^{\infty} \mathrm{d}x \, |x/2\rangle \langle x| = ?$$

就不知道其答案了, 可叹的是在范洪义以前这样貌似简单的问题却从来无人问津, 而一旦问察便觉得意蕴颇深. 于是对不对称的 ket-bra 积分就是一个新的研究课题.

(5) 用简洁的符号统一了量子力学的海森伯的矩阵力学表述和薛定谔的波动力学表述.

右矢 $|\,\rangle$ 代表列矩阵, $\langle\,|$ 代表行矩阵; 内积

$$\langle B|\,A\rangle = (\qquad) \begin{pmatrix} \\ \\ \end{pmatrix} = 数$$

方矩阵简化为算符 $|\,\rangle\langle\,|$

$$|A\rangle \langle B| = \begin{pmatrix} \\ \\ \end{pmatrix} (\qquad) = \begin{pmatrix} \\ \\ \end{pmatrix}, \quad \mathrm{Tr}\,|A\rangle \langle B| = \langle B|\,A\rangle$$

一个跃迁矩阵元记为 $\langle \mathrm{out}|\,A\,|\mathrm{in}\rangle$, 就形象地反映出初始状态 $|\mathrm{in}\rangle$ 经过一个仪器 ($\hat{A}$ 作用) 而变为输出状态 $\langle \mathrm{out}|$

$$\langle \mathrm{out}|\,\hat{A}\,|\mathrm{in}\rangle = (\qquad) \hat{A} \begin{pmatrix} \\ \\ \end{pmatrix}$$

(6) 体现波粒二象性于表象变换.

波粒二象——既在某固定处, 却又弥望皆是也. 理想情况下, 动量 p 值确定的波是平面波 e^{ipx}, 弥散在空间中, 所以其位置值不定; 若弥散的波收敛于一个点, 那么一个经典意义下的有确定位置 x 的质点 (好像一条无穷长的直线的 x 处停着一只蜜蜂), 数学上怎样表达呢? 天才狄拉克就发明 δ 函数来表示之. 函数

$$\delta\left(x\right) = \begin{cases} 0, & x \neq 0 \\ \infty, & x = 0 \end{cases}, \quad \int_{-\infty}^{\infty} \mathrm{d}x \delta(x) = 1$$

其功能是当 δ 与其他函数相乘求积分时, 可以只取这个函数在 $x = 0$ 处的值进行计算. 有了 δ 函数, 波粒二象性用数学表达为

$$\delta\left(x\right) = \frac{1}{2\pi} \int_{-\infty}^{\infty} \mathrm{d}p e^{-ipx}$$

这是经典傅里叶 (Fourier) 变换的一个重要公式, 倘若当代数学没有 δ 函数, 则会举步维艰. 介于 $\delta\left(x\right)$ 和 e^{-ipx} 这两个理想情况之间的就是一个波包, 它是若干个不同 p 值的平面波的叠加. 将 $\delta\left(x\right)$ 也看作一个特别的波函数, 用狄拉克符号改写为

$$\delta\left(x\right) = \langle x' = 0 \,| x \rangle$$

平面波 e^{ipx} 改写为

$$\frac{1}{\sqrt{2\pi}} e^{-ipx} = \langle p| \, x \rangle$$

显然

$$\langle x' = 0 \,| p \rangle = \frac{1}{\sqrt{2\pi}}$$

这样一来,

$$\begin{aligned} \langle x' = 0 \,| x \rangle &= \frac{1}{2\pi} \int_{-\infty}^{\infty} \mathrm{d}p e^{-ipx} \\ &= \frac{1}{\sqrt{2\pi}} \int_{-\infty}^{\infty} \mathrm{d}p \, \langle p| \, x \rangle \\ &= \langle x' = 0| \int_{-\infty}^{\infty} \mathrm{d}p \, |p \rangle \, \langle p| \, x \rangle \end{aligned}$$

表明 $\displaystyle\int_{-\infty}^{\infty} \mathrm{d}p\,|p\rangle\langle p| = 1$, 而

$$|x\rangle = \int_{-\infty}^{\infty} \mathrm{d}p\,|p\rangle\langle p|\,x\rangle$$
$$= \frac{1}{\sqrt{2\pi}} \int_{-\infty}^{\infty} \mathrm{d}p\,|p\rangle\,\mathrm{e}^{-\mathrm{i}px}$$

就是表象变换. 可见波粒二象性在数学上表现为表象变换. 坐标本征态 $|x\rangle$（精确地测量坐标得出 x 值）和动量本征态 $|p\rangle$（精确地测量动量得出 p 值）都只是理想的态而不能物理实现. 但是, 可以用 ket-bra 构造大量的幺正变换算符, 例如

$$U = \int_{-\infty}^{\infty} \mathrm{d}p\,|p\rangle\langle x|\,\big|_{x=p}$$

将其积分后可得算符显式.

　　符号法的引入符合爱因斯坦的研究信条:"人类的头脑必须独立地构思形式, 然后我们才能在事物中找到形式." 狄拉克符号是外在的量子世界与狄拉克本人的精神世界发生碰撞时所产生的一种特殊的感觉, 之所以有这种与众不同的感觉是由于他有工科知识的背景, 具体地说是具备投影矢量空间的知识（或者张量的知识）, 这种特殊的感觉经过理性抽象后倾吐出来, 于是就有了态矢（bra 和 ket）, 这是狄拉克的天才之处. 因为一个好的符号不但能够简洁深刻地反映物理本质, 而且把物理内容与数学符号有机对应, 可以大量减轻人们的思维负担. 在 1930 年出版的《量子力学原理》一书中狄拉克写道:"……符号法, 用抽象的方式直接地处理有决定性意义的一些量……" "但是符号法看来更能深入事物的本质, 它可以使我们用精练的方式来表达物理规律, 很可能将来当它变得更为人们所了解, 而且它本身的特殊数学得到发展时, 它将更多地被人们所采用."

　　然而狄拉克符号之抽象使其难以理解, 即便是爱因斯坦也未能幸免, 他在给好朋友、荷兰物理学家保尔·埃伦菲斯特的信中写道:"我对狄拉克感到头疼. 就像走在令人眩晕的小径上, 在这种天才和疯狂之间保持平衡是很可怕的."

初学量子力学的人要先了解量子力学的用语，即狄拉克符号，如果学生们一开始就能径以狄拉克符号为其思想之表象，不必处处"译"成函数，并且学会本书作者提出的有序算符内的积分方法，那么就容易熟悉量子论的用语和表象变换（"常识"），学到一个系统，从而习惯量子力学，进而较自然地接受量子论，正所谓"习惯成自然". 这是学习量子力学速成的前提.

既然狄拉克符号法已经成为量子力学的语言，那就更需要有人去发展它的数学. 爱因斯坦说："如果要使语言能够导致理解，那么在符号和符号之间的关系中就必须有些规则. 同时，在符号和印象之间又必须有固定的对应关系."

但是，从 1930 年到 1980 年的半个世纪中，没有一篇真正直接地发展符号法的文献，以致人们慢慢遗忘了狄拉克的这个期望.

正如狄拉克所说："一个想法的创始人不是去发展这一想法的最合适人选，这是个一般规则，因为他临事而惧，以至于阻止他以一个超脱的方法来观察问题."果然，发展狄拉克符号之特殊数学的任务被中国人范洪义在中国的土地上以发明有序算符内的积分方法（IWOP 方法，即integration within ordered product of operators）初步完成了.

本书作者历时 50 年用心去悟量子力学，用 IWOP 方法探讨涉及自然界的生–灭（例如光的吸收和辐射）这一无时无刻不在进行着的现象之学问.

笔 者

2023 年 3 月

目　　录

第 1 章　量子力学是描述光辐射
和吸收机制的学科

　　从物理发展史看, 牛顿力学和拉格朗日–哈密顿（Lagrange-Hamilton）的分析力学只是描写宏观物体的运动规律；电磁学也没有描写光的生–灭机制, 例如打雷时光的闪和灭的机制, 尽管把闪电归结到正负电荷之间的放电是电磁学的一大看点, 但也只是浅尝辄止. 经典光学只讨论光在传播过程中的干涉、衍射和偏振. 麦克斯韦发展出光的电磁波理论, 把光看作是由电磁波组成的, 认同为电磁场, 把每一个波作为一个振子来处理, 这深化了光的波动说. 但它们都不涉及自然界中光的生–灭（例如光的吸收和辐射）这一无时无刻不在发生着的现象, 即没有讨论光的产生和湮灭机制. 直到 20 世纪 60 年代发现了激光, 量子光学时代才到来, 光的非经典性质渐渐显露.

　　普朗克首先指出太阳的光谱就是遵循量子论的, 太阳光作为有限的电磁能在一组电磁振子中的分布, 低频的多, 高频的少, 所以不在阳光下暴晒是晒不死人的.

　　爱因斯坦早在撰写光电效应的论著时就指出："用连续空间函数进行工作的光的波动理论, 在描述纯光学现象时, 曾显得非常合适, 或许完全没有用另一种理论来代替的必要. 但是必须看到, 一切对光学的观察都和时间平均值而非瞬时值有关, 而且尽管衍射、反射、折射、色散等理论完全为实验所证实, 但还是可以设想, 用连续空间函数进行工作的光的理论在应用于光的产生和转化等现象时, 会导致与经典相矛盾的结果.……在我看来……有关光的产生和转化的现象所得到的各种观察结果, 如用光的能量在空间中不是连续分布的假说来说明, 似乎更容易理解." 爱因斯坦然后把光看作光子, 成功解释了光电效应, 即每个光子态对应于电磁场的一个振子. 接着, 狄拉克把电磁辐射当作作用于原子体系的外部微扰所引起原子能态的跃迁, 而在跃迁时可以吸收或发射量子, 这从量子力学的角度解释了爱因斯坦 1917 年关于光的受激辐射的动力学机制, 使得该理论更为充实了.（值得指出的是: 关于受激辐射的爱因斯坦系数涉及一种非常弱的效应, 起初在提出这种效应时根本没有什么希望观察到它, 但是后来人们找到了增强这一效应的方法, 从此便开创了激光理论的先河.)

在 1917 年, 爱因斯坦说 "我将用余生思考什么是光". 时隔 34 年后, 他无奈地承认自己这么多年来并没有接近 "光量子是什么?" 这个问题的答案.

从此我们可以悟到, 阐述 "光的产生和转化机制" 是超脱经典力学的, 或者说, 量子力学可以从光子的产生–湮灭机制谈起, 而将光的产生和湮灭看作谐振子的振动模式就可找出振子本征态, 等等; 而且, 光的耗散和扩散过程也体现出非对易性, 并可以从理论上导致新光场的出现. 以上是从物理的概念出发来悟量子力学.

我们也可以从数学出发来悟量子力学, 即如何把牛顿–莱布尼茨积分与对狄拉克 ket-bra 符号的积分之间的关系打通, 这便产生了有序算符内的积分方法, 它可帮助人们从悟到通, 更容易习惯量子力学.

故云: 有独家之悟, 便有独诣之语也. 于是写作《量子力学速成教程》便迫在眉睫.

1.1 生–灭过程导致 $\left[a, a^\dagger\right] = 1$

本书作者领悟到自然界中生–灭既是暂态过程, 又是永恒存在的. 暂者绵之永, 短者引之长, 故而生灭不息. 谈到生–灭, 就有 "不生不灭" 之说, 不生不得言有, 不灭不得言无, 注意不是 "不灭不生". 这表明生和灭是有次序的, 对于特指的个体, 总是生在前、灭在后. 我们人类的每一员也是如此, 先诞生, 后逝世 (这里排斥因果轮回说). 所以, 必定可以引入生算符 $a^\dagger$ 和湮灭算符 a, 按 "不生不灭" 说必然是 $[a, a^\dagger] = 1$.

说明: 让 $|0\rangle$ 代表真空态, 可比喻为口袋里没有钱的状态, 若往口袋里存入 1 元钱, 可记为 $a^\dagger |0\rangle$; 若用手取出, 即以湮灭算符作用之, 于是手里就有 1 元钱, $aa^\dagger$ 表示先产生、后湮灭; 另一方面, $a^\dagger a$ 的意思是从口袋里取出 1 元钱再放回去, 此时手里并没钱, 这相当于只是 "数" 钱这个操作. 于是, 就可以理解 $[a, a^\dagger] = aa^\dagger - a^\dagger a = 1$ 了, 这个 1 代表的就是这 1 元钱实际已在手里. 所以, $a^\dagger$ 是产生算符、a 是湮灭算符, 两者是不可交换的, 这就是量子力学的基本对易关系, 即为 "不生不灭" 说的结果.

1.2　$\left[a, a^\dagger\right] = 1$ 提示量子化

"不生不灭" 说的表达式 $[a, a^\dagger] = 1$ 提示我们, 光的发射和吸收不是连续的, 而是一份一份进行的, 这样的一份能量叫作能量子. 历史上, 为凑合实验黑体辐射曲线, 普朗克假定每一份能量子等于自然界一个常数 h 乘以辐射电磁波的频率. 尽管这是无奈之举, 却成为神来之笔, 这一假设后来被称为能量量子化假设, 而常数 h 被称为普朗克常数. 辐射光的能量 ε 只能取分立的值 (分立就是 quanta, 量子):

$$\varepsilon = 0, \Delta\varepsilon, 2\Delta\varepsilon, 3\Delta\varepsilon$$

$\Delta\varepsilon$ 是两个相邻能量的间隔, 于是

$$\varepsilon_n = n\Delta\varepsilon \quad (n\text{为正整数})$$

能量依赖于频率

$$\Delta\varepsilon = h\nu$$

也就是说, 能量值只能取某个最小能量元的整数倍, 其中

$$h = 6.626196 \times 10^{-34}\,\text{J} \cdot \text{s} \quad (\text{即}6.626196 \times 10^{-27}\,\text{erg} \cdot \text{s})$$

因为 $1\,\text{erg} = 10^{-7}\,\text{J}$, 或

$$h = 4.14 \times 10^{-15}\,\text{eV} \cdot \text{s}$$

普朗克提出了一个热辐射能量分布的公式 (或线性振子平均能量公式):

$$\rho(\nu) = \frac{8\pi\nu^2}{c^3} \cdot \frac{\varepsilon}{\exp\left(\dfrac{\varepsilon}{k_\mathrm{B}T}\right) - 1} \quad (\varepsilon = h\nu) \tag{1.1}$$

这里, ν 是辐射的频率, 在可见光区, $\nu \sim 10^{14}\,\text{Hz}$, T 是绝对稳度, k_B 是玻尔兹曼常数. 记 $\mathrm{d}\nu$ 为频率间隔, 一般取 $10^{10}\,\text{Hz}$, 因子 $\dfrac{8\pi\nu^2}{c^3}$ 代表单位体积内电磁驻波数, 约为 10^8 个/cm³, 此已计入了同一传播方向上的两种横向偏振态, 它可以从经典麦克斯韦 (Maxwell) 电磁理论导出; $\dfrac{\varepsilon}{\exp\left(\dfrac{\varepsilon}{k_\mathrm{B}T}\right) - 1}$ 是每个模式的平均能量, 按照此公式计算的结果才能和实验结果相符. 1924 年, S. N. Bose 用粒子全同性的

统计方法考虑, 即从黑体腔内光子的不可分辨性提出了有交换对称性的统计法导出普朗克公式.

此公式指出, 任何有限能量体系都不能有过多的高频电磁振子存在. 此公式也抑制了能量均分, 不同的振动模式分配到的能量是不同的, 故太阳能在一组电磁振子中的分布是高频的少, 低、中频的多, 在高频端没有多少模式会被激发, 因为激发一个高频量子 (紫色光) 需要耗费太多的能量. 故而太阳光中紫光的比例少, 这就是太阳晒不死人的原因 (如果不是暴晒的话).

从式 (1.1) 看出, 在低频, 有 $\exp\left(\dfrac{\varepsilon}{k_{\mathrm{B}}T}\right) - 1 \to \dfrac{\varepsilon}{k_{\mathrm{B}}T}$, 就是瑞利描述黑体辐射的结果; 在高频的情形是 $\dfrac{\varepsilon}{k_{\mathrm{B}}T} \gg 1$, 所以 $\rho(\nu) \to \dfrac{8\pi\nu^2\varepsilon}{c^3}\exp\left(\dfrac{-\varepsilon}{k_{\mathrm{B}}T}\right)$ 是维恩给出的公式. 普朗克真所谓是"目前能转物, 笔下尽逢源". 我们将在 6.3 节用玻色统计来重现普朗克公式.

1.3 真空中发生的生–灭过程——真空场的正规乘积排序

应注意到不生不灭都是相对虚无而言的, 虚无或是真空的代名词. 鉴于将真空态比喻为无钱的口袋, 就无法从中取钱, 所以

$$a\,|0\rangle = 0$$

我们还应明确真空场 $|0\rangle\langle0|$ 的数学形式, 鉴于无论数多少次真空的粒子数还是为 0, 而且它作用于除了 $|0\rangle$ 态以外的态结果都是零, 可见它必是 0^0 不定型, 故真空场 $|0\rangle\langle0|$ 必定等于 0 的 N 次方, $|0\rangle\langle0|$ 与 N 都是厄米算符:

$$|0\rangle\langle0| = 0^N \quad (N = a^\dagger a) \tag{1.2}$$

这里称 N 为粒子数算符. 实际上真空并不是死水一潭, 而是内部不断生和灭的往复, 所以可以排成正规序, 即展开为所有的生算符 $a^\dagger$ 置于所有的灭算符 a 的左边的形式, 根据"不生不灭" (注意不是"不灭不生") 这个物理感觉, 本书作者认为真空可以用算符 δ 函数表示:

$$|0\rangle\langle0| = \pi\delta(a)\,\delta(a^\dagger) \tag{1.3}$$

这里 $\delta\left(a^{\dagger}\right)$ 在右边先作用, $\delta\left(a\right)$ 排在 $\delta\left(a^{\dagger}\right)$ 左面, 表示先产生后湮灭 (常说的自生自灭), 即是哪里有光子产生 (用 δ 函数 $\delta\left(a^{\dagger}\right)$ 表示), 就在哪里湮灭它 (用 $\delta\left(a\right)$ 表示), 这符合真空的直观意思. 在以下的计算中要时刻注意算符的排序问题. 再用 δ 函数的傅里叶变换式将上式写为积分形式:

$$\pi\delta\left(a\right)\delta\left(a^{\dagger}\right) = \int \frac{\mathrm{d}^2\xi}{\pi} \mathrm{e}^{\mathrm{i}\xi a} \mathrm{e}^{\mathrm{i}\xi^* a^{\dagger}} = \ \vdots \int \frac{\mathrm{d}^2\xi}{\pi} \mathrm{e}^{\mathrm{i}\xi a} \mathrm{e}^{\mathrm{i}\xi^* a^{\dagger}} \vdots, \quad \mathrm{d}\xi^2 = \mathrm{d}\xi \mathrm{d}\xi^* \tag{1.4}$$

在一个由 a 与 $a^{\dagger}$ 函数所组成的单项式中, 当所有的 a 都排在 $a^{\dagger}$ 的左边时, 称其为已被排好为反正规乘积了, 以 $\vdots\ \vdots$ 标记之; 相反, 当所有的 $a^{\dagger}$ 都排在 a 的左边时, 则称其为已被排好为正规乘积了, 以 $::$ 标记.

用公式

$$\mathrm{e}^{\mu a} \mathrm{e}^{\lambda a^{\dagger}} = \mathrm{e}^{\lambda a^{\dagger}} \mathrm{e}^{\mu a} \mathrm{e}^{\mu\lambda} = \ : \mathrm{e}^{\lambda a^{\dagger}} \mathrm{e}^{\mu a} : \mathrm{e}^{\left[\mu a, \lambda a^{\dagger}\right]} \tag{1.5}$$

可将 $\mathrm{e}^{\mathrm{i}\xi a} \mathrm{e}^{\mathrm{i}\xi^* a^{\dagger}}$ 重排为

$$|0\rangle\langle0| = \int \frac{\mathrm{d}^2\xi}{\pi} : \mathrm{e}^{\mathrm{i}\xi^* a^{\dagger} + \mathrm{i}\xi a - |\xi|^2} : \tag{1.6}$$

对 $\mathrm{d}^2\xi$ 积分时, 在 $::$ 内部 a 与 $a^{\dagger}$ 是可交换的 (这是正规乘积的一个重要性质, 下面将进一步说明之), 可以被视为积分参量, 用正规乘积排序算符内的积分技术积分上式得到

$$|0\rangle\langle0| = : \mathrm{e}^{-a^{\dagger} a} : = \sum_{n=0}^{\infty} \frac{(-1)^n a^{\dagger n} a^n}{n!} \tag{1.7}$$

于是我们得到了 $|0\rangle\langle0|$ 的正规排序算符形式. 如果有一个外星人的视觉功能能把看到的算符自动排成正规排序的, 那么, 地球人看来是真空态 $|0\rangle\langle0|$ 的, 在这个外星人看来, 则是

$$: \mathrm{e}^{-a^{\dagger} a} :$$

然后用

$$|0\rangle\langle0| = : \mathrm{e}^{-a^{\dagger} a} :$$

就可自然构建出阐述光的产生和湮灭的理论 "空间". 即是说, 想要认知光的量子本性, 首先要有一个描述光子的产生和湮灭的表象. 就像我们看到电闪雷鸣是在浩瀚的天空中发生的那样, 阐述光的产生和湮灭也要有一个人们构想的理论 "空间", 这就是光子数表象 (Fock, 福克表象).

1.4 光子数表象

要直观地介绍光子数表象, 以谐振子的量子化（量子的产生和湮灭机制）为例来阐述是较容易被接受的. 这样做是因为：从谐振子的经典振动本征模式容易过渡为量子能级.

在经典力学中, 弦振动是一种典型的谐振子运动, 固定弦的两端称为波节, 当两端固定的弦的长度为 L, 则弦长必须是振荡波半波长的整数倍. 只有这样, 整个弦长正好嵌入整数个半波长. 另外, 弦的振动有基频与泛频, 因此谐振子的量子化既能保持与经典情形类似的特性, 又符合德布罗意波的特征. 虽然经典光学中没有光产生和湮灭的理论, 但谐振子的振动可产生波, 若将此与德布罗意的波粒二象性参照, 光波的产生就对应产生光子（或牵强地说：粒子伴随着一个波）, 所以要使理论能描述量光子的产生和湮灭, 就得把谐振子的各种本征振动模式比拟为一个"光子库". 鉴于经典谐振子有它的本征振动模式——按整数标记, 所以量子谐振子也应有它的本征振动模式——光子态, 记为 $|n\rangle$, $n = 0, 1, 2, 3\ldots$, 代表量子谐振子的能级, 其集合就是光场的 "量子库".

把 $|n\rangle$ 看作一个装了 n 元钱的口袋, $a^\dagger a$ 就表示"数" 钱的操作（算符）. 具体说, 对 $|n\rangle$ 以 a 作用, 表示从口袋里取出 1 元钱, $n \to n - 1$ 为再放回口袋去（此操作以 $a^\dagger$ 对 $|n-1\rangle$ 表示）, 又变回到 n, 这相当于"数" 钱的操作, 因为手里还是空的, 口袋里还是 n 元钱. 表明 $|n\rangle$ 是 $a^\dagger a$ 的本征态, 体现粒子性：

$$a^\dagger a |n\rangle = n |n\rangle, \quad a^\dagger a \equiv N \tag{1.8}$$

利用 $|0\rangle \langle 0| =: e^{-a^\dagger a}:$, 我们可以分解 1 为

$$1 = \sum_{n=0}^{\infty} \frac{1}{n!} : \left(a^\dagger a\right)^n e^{-a^\dagger a} := \sum_{n=0}^{\infty} \frac{a^{\dagger n}}{\sqrt{n!}} |0\rangle \langle 0| \frac{a^n}{\sqrt{n!}} \equiv \sum_{n=0}^{\infty} |n\rangle \langle n| \tag{1.9}$$

于是可知态 $|n\rangle$ 为

$$|n\rangle = \frac{a^{\dagger n}}{\sqrt{n!}} |0\rangle \tag{1.10}$$

其全体是完备的, 称为 Fock 空间. 可以解出

$$a |n\rangle = \sqrt{n} |n-1\rangle, \quad a^\dagger |n\rangle = \sqrt{n+1} |n+1\rangle \tag{1.11}$$

在此空间中各种光场的耗散–扩散等过程中的统计分布, 就是量子统计力学的内容. 现在回到式 (1.2), 就有

$$0^N = (1-1)^N = 1 - N + \frac{1}{2!}N(N-1) - \frac{1}{3!}N(N-1)(N-2) + \ldots$$
$$= \sum_{m=0}^{\infty} \frac{(-1)^m}{m!} N(N-1)\ldots(N-m+1) \tag{1.12}$$

似乎表明了真空中粒子数的涨落.

1.5　坐标测量算符及其表象

将谐振子各种本征振动模式比拟为一个"光子库", 振子哈密顿

$$H = \frac{P^2}{2m} + \frac{m\omega^2}{2}X^2 \tag{1.13}$$

就应该等价于 $\hbar\omega\left(a^\dagger a + \frac{1}{2}\right)$, 故而 X 与 $(a, a^\dagger)$ 有以下关系

$$X = \sqrt{\frac{\hbar}{2m\omega}}\left(a^\dagger + a\right) \tag{1.14}$$

$\hbar$ 是普朗克常数. 根据玻尔的观点, 物理学家关心的是对现实创造出新心像, 即隐喻, 我们可以说, 坐标算符的定义是基于某处既生既灭的存在, 若生若湮, 上式右边 $a^\dagger + a$ 表示粒子的存在, 是产生和湮灭共同起作用, 隐喻新陈代谢, 故 X 是代表坐标算符. 另一方面, 把虚数 i 理解为在一个飘渺的"虚空间", 从 a 与 $a^\dagger$ 引入

$$P = i\sqrt{\frac{m\omega\hbar}{2}}\left(a^\dagger - a\right) \tag{1.15}$$

上式右边的 $a^\dagger - a$ 可以理解为产生的作用扣除湮灭的影响, 粒子在"虚空间"中运动起来, 而动量算符的定义是根据在虚空间中的产生扣除湮灭, 稍纵即逝, 虚无飘渺, 故而算符 P 应理解为动量. 由 $[a, a^\dagger] = 1$ 给出

$$[X, P] = i\hbar \tag{1.16}$$

这就是玻恩–海森伯对易关系. X 乘 P 的量纲是角动量, 这样便从一个新视角理解世间存在一个常数——普朗克常数, 使得不能同时精确测定粒子的坐标和动量. 笔者在这里重申将它作为不生不灭的结果只是一种理解性的悟, 并非创新.

1.5.1 坐标表象

将坐标测量算符 $|x\rangle\langle x|$ 表达为算符 δ 函数 $\delta(x-X)$（这是对狄拉克 δ 函数的一个发展）：

$$|x\rangle\langle x| = \delta(x-X) \tag{1.17}$$

即测量粒子坐标发现它在 x 处. 用 IWOP 方法可以直接导出坐标本征态 $|x\rangle$ 的显示式, 从而建立坐标表象. 简写 $X = \dfrac{a+a^\dagger}{\sqrt{2}}$, 由傅里叶变换得到

$$
\begin{aligned}
\delta(x-X) &= \frac{1}{2\pi}\int_{-\infty}^{\infty} \mathrm{d}p \exp[\mathrm{i}p(x-X)] \\
&= \frac{1}{2\pi}\int_{-\infty}^{\infty} \mathrm{d}p \exp\left[\mathrm{i}p\left(x-\frac{a+a^\dagger}{\sqrt{2}}\right)\right]
\end{aligned} \tag{1.18}
$$

分解

$$\exp\left[\mathrm{i}p\frac{a+a^\dagger}{\sqrt{2}}\right] = \mathrm{e}^{-\frac{1}{4}p^2}\mathrm{e}^{\mathrm{i}p\frac{a^\dagger}{\sqrt{2}}}\mathrm{e}^{\mathrm{i}p\frac{a}{\sqrt{2}}}$$

右边已经是正规乘积了, 所以其两端可以各加上两点 ":":

$$\exp\left[\mathrm{i}p\frac{a+a^\dagger}{\sqrt{2}}\right] =: \exp\left[-\frac{1}{4}p^2 + \mathrm{i}p\frac{a^\dagger+a}{\sqrt{2}}\right] : \tag{1.19}$$

进一步利用在正规乘积内部可以对易的性质（详见以下叙述）, 故可用有序算符内的积分方法得到

$$
\begin{aligned}
|x\rangle\langle x| &= \int_{-\infty}^{\infty}\frac{\mathrm{d}p}{2\pi} : \exp\left[-\frac{1}{4}p^2 + \mathrm{i}p\left(x-\frac{a+a^\dagger}{\sqrt{2}}\right)\right] : \\
&= \frac{1}{\sqrt{\pi}} : \exp\left[-\left(x-\frac{a+a^\dagger}{\sqrt{2}}\right)^2\right] : \\
&= \frac{1}{\sqrt{\pi}}\exp\left(-\frac{x^2}{2} + \sqrt{2}xa^\dagger - \frac{a^{\dagger 2}}{2}\right) : \mathrm{e}^{-a^\dagger a} : \exp\left(-\frac{x^2}{2} + \sqrt{2}xa - \frac{a^2}{2}\right)
\end{aligned} \tag{1.20}
$$

再用 $: \mathrm{e}^{-a^\dagger a} := |0\rangle\langle 0|$, 得到

$$|x\rangle\langle x| = \frac{1}{\sqrt{\pi}}\exp\left(-\frac{x^2}{2} + \sqrt{2}xa^\dagger - \frac{a^{\dagger 2}}{2}\right)|0\rangle\langle 0|\exp\left(-\frac{x^2}{2} + \sqrt{2}xa - \frac{a^2}{2}\right) \tag{1.21}$$

故 $|x\rangle$ 为

$$|x\rangle = \pi^{-1/4}\exp\left(-\frac{x^2}{2} + \sqrt{2}xa^\dagger - \frac{a^{\dagger 2}}{2}\right)|0\rangle \tag{1.22}$$

这样我们就从坐标测量算符导出了态矢量 $|x\rangle$ 的显示式. 现在我们可以实施对完备性真正意义上的牛顿积分了, 即

$$
\begin{aligned}
\int_{-\infty}^{\infty} \mathrm{d}x\, |x\rangle\langle x| &= \frac{1}{\sqrt{\pi}} \int_{-\infty}^{\infty} \mathrm{d}x\, : \exp\left[-\left(x - \frac{a + a^{\dagger}}{\sqrt{2}}\right)^2\right] : \\
&=: \exp\left[\frac{1}{2}\left(a^{\dagger} + a\right)^2 - \frac{1}{2}\left(a + a^{\dagger}\right)^2\right] : \\
&= 1
\end{aligned}
\tag{1.23}
$$

评价: 人们普遍认为 2022 年诺贝尔物理奖的颁发表明了玻尔与爱因斯坦之争的结果, 即认为量子力学的概率假设是对的. 获奖人通过检验贝尔不等式的实验终于得出分晓. 其实呢, 理论研究量子力学者无需如此大动干戈也能显示量子力学的概率假设. 因为按照爱因斯坦的观点, 用狄拉克的 δ 算符函数表示粒子的确定性位置, 怎么说也不是概率分布的形式. 可是, 奇迹发生了, 用有序算符内的积分方法"变戏法", 直接将坐标测量算符 $|x\rangle\langle x|$ 变成正规乘积排序的正态分布形式

$$
\frac{1}{\sqrt{\pi}} : \mathrm{e}^{-(x-X)^2} :
$$

于是可以直接积分了

$$
\int_{-\infty}^{\infty} \mathrm{d}x\, |x\rangle\langle x| = \int_{-\infty}^{\infty} \frac{\mathrm{d}x}{\sqrt{\pi}} : \mathrm{e}^{-(x-X)^2} := 1
\tag{1.24}
$$

这在数学上说明在全空间找到粒子的概率确实为 1. 这里我们把玻恩提出的量子力学的概率假设改写为新的形式 (称之为范洪义形式), 也是量子力学一个新的基本公式. 这说明, 作为一个地球人爱因斯坦看到的点粒子存在感, 在某个外星人 (放眼就自动有正规排序功能者) 眼里就是正态分布的形式. 看的人不同, 表现形式不同, 就如明代的王阳明论看花 (花是因为人看它才精神起来的).

这启发我们, 构建量子力学表象的途径是寻求数理统计中的正态分布 (分布密度、期望、方差等已知) 的量子对应, 从而可以构建多种广义的物理上有用的表象, 例如, 坐标–动量中介表象、纠缠态表象, 反映了狄拉克符号法深层次的简洁美. 我们还发现除了纯态表象外, 量子力学与量子光学理论还存在着混合态表象, 如 Wigner 算符表象等, 这有助于对于密度矩阵的深入研究. 这也说明以一定的排序方式来重新考察算符的物理意义是有益的, 狄拉克的表象蕴含着更深刻的统计概率意义.

1.5.2　动量表象

用类似的步骤, 由 $|p\rangle\langle p| = \delta(p - P)$, 可得

$$|p\rangle = \pi^{-1/4} \exp\left(-\frac{p^2}{2} + \sqrt{2}\mathrm{i}pa^\dagger + \frac{a^{\dagger 2}}{2}\right)|0\rangle \qquad (1.25)$$

所以完备性为

$$\int_{-\infty}^{\infty} \mathrm{d}p\, |p\rangle\langle p| \qquad\qquad\qquad\qquad\qquad\qquad\qquad\qquad (1.26)$$

$$= \int_{-\infty}^{\infty} \frac{\mathrm{d}p}{\sqrt{\pi}} \exp\left(-\frac{p^2}{2} + \sqrt{2}\mathrm{i}pa^\dagger - \frac{a^{\dagger 2}}{2}\right)|0\rangle\langle 0| \exp\left(-\frac{p^2}{2} + \sqrt{2}\mathrm{i}pa - \frac{a^2}{2}\right)$$

$$=: \exp\left[\frac{1}{2}\left(a^\dagger - a\right)^2 - \frac{1}{2}\left(a - a^\dagger\right)^2\right] := 1 \qquad\qquad (1.27)$$

也可写为在 :: 内的高斯积分形式

$$\int_{-\infty}^{\infty} \mathrm{d}p\, |p\rangle\langle p| = \frac{1}{\sqrt{\pi}} \int_{-\infty}^{\infty} \mathrm{d}p : \mathrm{e}^{-(p-P)^2} := 1 \qquad\qquad (1.28)$$

　　这些例子都表明: 狄拉克的符号是可以用 IWOP 方法积分的, 构造有物理意义的 ket-bra 积分式并积分之, 就可以从狄拉克的基本表象出发构造出许多量子力学么正变换, 从而定义新的量子力学态矢. 能够创造一个理论去实现这类 ket-bra 型算符积分, 就等于为经典变换直接地过渡到量子力学么正变换搭起了一座"桥梁".

　　我们可以从自然界光的生–灭机制来解读量子力学的必然, 总结如下:

　　(1) 光子生–灭有序, $[a, a^\dagger] = 1$, 无序易, 有序难, 无序熵增, 引出 $[X, P] = \mathrm{i}\hbar$, 量子力学便是需要排序的学科.

　　(2) 真空场 (密度算符)

$$|0\rangle\langle 0| =: \mathrm{e}^{-a^\dagger a} := 0^{a^\dagger a} = (1-1)^N, \quad N = a^\dagger a \qquad (1.29)$$

　　(3) 测量位置得到的是正规排序的正态分布 $\delta(x-X) = |x\rangle\langle x| = \dfrac{1}{\sqrt{\pi}} : \mathrm{e}^{-(x-X)^2} :$, 由此可给出 $|x\rangle$ 的具体形式.

1.6　经典正态分布的期望值、方差与矩

　　在概率论与数理统计中, 正态分布最基本、最常用. 实际上, 生活中的许多随机现象都服从或近似地服从正态分布, 例如, 在正常生产条件下各种产品的质量

指标; 在随机测量过程中测量的结果; 生物学中同一群体的某种特征; 气象学中的月平均气温、湿度等.

设 x 有正态分布, 参数为 (μ, σ^2), 求其平均值

$$\frac{1}{\sqrt{2\pi}\sigma} \int_{-\infty}^{\infty} x \mathrm{e}^{-\frac{(x-\mu)^2}{2\sigma^2}} \mathrm{d}x$$

$$= \frac{\sigma}{\sqrt{2\pi}} \int_{-\infty}^{\infty} \mathrm{e}^{-\frac{(x-\mu)^2}{2\sigma^2}} \mathrm{d}\frac{(x-\mu)^2}{2\sigma^2} + \mu \int_{-\infty}^{\infty} \frac{1}{\sqrt{2\pi}\sigma} \mathrm{e}^{-\frac{(x-\mu)^2}{2\sigma^2}} \mathrm{d}x$$

$$= \mu \tag{1.30}$$

求其方差值 D, 令 $u = \dfrac{x-\mu}{\sigma}$, 则

$$D \equiv \frac{1}{\sqrt{2\pi}\sigma} \int_{-\infty}^{\infty} (x-\mu)^2 \, \mathrm{e}^{-\frac{(x-\mu)^2}{2\sigma^2}} \mathrm{d}x$$

$$= \frac{\sigma^2}{\sqrt{2\pi}} \int_{-\infty}^{\infty} u^2 \mathrm{e}^{-\frac{u^2}{2}} \mathrm{d}u = \sigma^2$$

可见正态密度 $\mathrm{e}^{-\frac{(x-\mu)^2}{2\sigma^2}}$ 的两个参数 μ 与 σ^2 有明确的概率意义, 它们分别是正的数学期望与方差, 也就是说正态分布完全决定于数学期望与方差.

正态分布为方程

$$\frac{\partial f}{\partial x} = \frac{\partial^2 f}{\partial \tau^2}$$

之解. 实际上, 用傅里叶积分法求解得到

$$f(x, \tau) = \frac{1}{2\sqrt{\pi\tau}} \int_{-\infty}^{\infty} f(x', 0) \, \mathrm{e}^{-\frac{(x-x')^2}{4\tau}} \mathrm{d}x'$$

正态分布的另一个物理例子是波包:

$$\Psi(x) = \left(\frac{1}{2\pi\sigma^2}\right)^{\frac{1}{4}} \exp\left(\frac{\mathrm{i}p_0 x}{\hbar} - \frac{x^2}{4\sigma^2}\right)$$

式中, σ, p_0 为常量, 它代表的态是一个使海森伯不确定关系取最小值的态.

上述观点也可以另一种方式表达, 即在一个保守系中, 当内能与体积固定时, 熵 S 具有某一数值的概率 W 与 $\mathrm{e}^{\frac{S}{k}}$ 成正比, 即 $W(x)\mathrm{d}x = $ 恒量 $\times \mathrm{e}^{\frac{S(x)}{k}}\mathrm{d}x$, x 是导致熵 S 改变的参量, 则由于熵 S 取极大值, 就应有

$$\left(\frac{\partial S}{\partial x}\right)_0 = 0$$

代入公式, 有

$$S(x) = S(0) + \left(\frac{\partial S}{\partial x}\right)_0 x + \frac{1}{2}\left(\frac{\partial^2 S}{\partial x^2}\right)_0 x^2 + \ldots$$

其中

$$\left(\frac{\partial S}{\partial x}\right)_0 = 0, \quad \left(\frac{\partial^2 S}{\partial x^2}\right)_0 \equiv -\alpha < 0, \quad \alpha > 0$$

就有

$$S\left(x\right) \approx S\left(0\right) - \frac{\alpha}{2}x^2$$

所以

$$W\left(x\right)\mathrm{d}x = 恒量 \times \mathrm{e}^{\frac{S_0}{k}}\mathrm{e}^{-\frac{\alpha x^2}{2k}}\mathrm{d}x$$

即为高斯分布. 记 $A = 恒量 \times \mathrm{e}^{\frac{S_0}{k}}$，则其归一化为

$$A = \left(\int_{-\infty}^{\infty} \mathrm{e}^{\frac{-\alpha x^2}{2k}}\mathrm{d}x\right)^{-1} = \sqrt{\frac{\alpha}{2\pi k}}$$

故

$$\bar{x}^2 = \sqrt{\frac{\alpha}{2\pi k}}\int_{-\infty}^{\infty} x^2 \mathrm{e}^{\frac{-\alpha x^2}{2k}}\mathrm{d}x$$

$$= -\sqrt{\frac{2\alpha k}{\pi}} \cdot \frac{\mathrm{d}}{\mathrm{d}\alpha}\int_{-\infty}^{\infty} \mathrm{e}^{\frac{-\alpha x^2}{2k}}\mathrm{d}x = \frac{k}{\alpha}$$

于是

$$W\left(x\right)\mathrm{d}x = \frac{1}{\sqrt{2\pi\bar{x}^2}}\mathrm{e}^{\frac{-x^2}{2\bar{x}^2}}\mathrm{d}x$$

为高斯分布.

1.7 从正态分布导出新表象

用 IWOP 方法可以构建很多新表象. 考虑如下积分值为 1 的积分

$$\frac{1}{\sqrt{2\pi}\sigma}\int_{-\infty}^{\infty} \mathrm{d}y : \exp\left[\frac{-(y - \lambda X - \nu P)^2}{2\sigma^2}\right] := 1$$

其中, $2\sigma^2 = \lambda^2 + \nu^2$, 用 $|0\rangle\langle 0| =: \exp\{-a^\dagger a\}:$ 把指数算符分拆为

$$1 = \frac{1}{\sqrt{2\pi}\sigma}\int_{-\infty}^{\infty} \mathrm{d}y : \exp\left\{\frac{-1}{\lambda^2 + \nu^2}[y^2 - \sqrt{2}y[a^\dagger\left(\lambda + \mathrm{i}\nu\right) + a\left(\lambda - \mathrm{i}\nu\right)]\right.$$

$$\left. + \frac{1}{2}[(\lambda + \mathrm{i}\nu)^2 a^{\dagger 2} + (\lambda - \mathrm{i}\nu)^2 a^2 + 2\left(\lambda^2 + \nu^2\right)a^\dagger a]\right\}:$$

$$= \int_{-\infty}^{\infty} \mathrm{d}y\, |y\rangle_{\lambda,\nu}\,_{\lambda,\nu}\langle y|$$

其中

$$|y\rangle_{\lambda,\nu} = \frac{\pi^{-1/4}}{\sqrt{s^* + r^*}} \exp\left(-\frac{y^2}{\lambda^2 + \nu^2} + \frac{\sqrt{2}y}{\lambda - \mathrm{i}\nu}a^\dagger - \frac{\lambda + \mathrm{i}\nu}{\lambda - \mathrm{i}\nu} \cdot \frac{a^{\dagger 2}}{2}\right)|0\rangle$$

是一个新的态矢量, 满足

$$a\,|y\rangle_{\lambda,\nu} = \left(\frac{\sqrt{2}\mathrm{i}x}{\mathrm{i}\lambda + \nu} - \frac{\mathrm{i}\lambda - \nu}{\mathrm{i}\lambda + \nu}a^\dagger\right)|y\rangle_{s,r}$$

由于

$$X = \frac{a + a^\dagger}{\sqrt{2}}, \quad P = \mathrm{i}\frac{a^\dagger - a}{\sqrt{2}}$$

而上式变为

$$(\lambda X + \nu P)\,|y\rangle_{\lambda,\nu} = y\,|y\rangle_{\lambda,\nu}$$

可以证明

$$_{\lambda,\nu}\langle y'\,|y\rangle_{\lambda,\nu} = \delta\,(y - y')$$

当 $\lambda = 1, \nu = 0$ 时, 上式约化为坐标表象

$$1 = \int_{-\infty}^{\infty} \frac{\mathrm{d}x}{\sqrt{\pi}} : \exp\{-(x - X)^2\} :$$

而当 $\lambda = 0, \nu = 1$ 时, 上式约化为动量表象

$$1 = \int_{-\infty}^{\infty} \frac{\mathrm{d}p}{\sqrt{\pi}} : \exp\{-(p - P)^2\} :$$

所以我们称 $|y\rangle_{\lambda,\nu}$ 为坐标–动量中介表象.

1.8　正规排序下的积分方法

　　能否将牛顿–莱布尼茨积分发展为对狄拉克符号进行积分, 使之系统化、深刻化, 应用多样化, 成为积分学的一个新的分支和数学物理的一个新领域, 充分体现数学和量子力学的交叉, 这是继 17 世纪牛顿–莱布尼茨发明微积分, 18 世纪泊松把积分推广到复平面之后, 积分学对应于量子力学发展的新方向. 如何使牛顿–莱布尼茨积分适用于对 $|\rangle\langle|$ 的积分是一个新的挑战.

　　中国学者发明了有序（包括正规乘积、反正规乘积和外尔（Weyl）编序（或对称编序））算符（玻色型和费米型）内的积分方法"technique of integration within ordered product of operator "(IWOP), 后来又发明了 *X-P*（坐标–动量）排序和 *P-X*（动量–坐标）排序下的积分方法, 理论上达到了将牛顿–莱布尼茨积分直接应用于 ket-bra 算符积分的目的. 狄拉克曾指出: "理论物理学的发展中有一个相当普遍的原则, 即人们应当让自己被引入数学提示的方向, 应由数学思想引导自己前进." 以 IWOP 的数学形式引导推进以上所提及的多种研究, 是我们的思路.

掌握了这类积分, 才能使符号法更完美更实用. 人们就可以找到许多新的物理态与新的表象, 特别是连续变量纠缠态表象的建立, 深刻地表述了丰富的量子纠缠现象, 可谓浅入深出、推陈出新和别开生面. IWOP 方法使得量子力学这棵大树更加根深叶茂.

这里总结算符正规乘积排序内的积分理论, 首先给出算符正规乘积的性质:

(1) 算符 $a, a^\dagger$ 在正规乘积内是对易的, 即

$$: a^\dagger a := a a^\dagger := a^\dagger a$$

(2) C 数可以自由出入正规乘积记号, 并且可以对正规乘积内的 C 数进行积分或微分运算, 前者要求积分收敛.

(3) 正规乘积内部的正规乘积记号可以取消

$$: f(a^\dagger, a) : g(a^\dagger, a) ::=: f(a^\dagger, a)g(a^\dagger, a) :$$

(4) 正规乘积与正规乘积的和满足

$$: f(a^\dagger, a) : + : g(a^\dagger, a) :=: \left[f(a^\dagger, a) + g(a^\dagger, a) \right] :$$

(5) 厄米共轭操作可以进入 :: 内部进行, 即

$$: (W \ldots V) :^\dagger =: (W \ldots V)^\dagger :$$

(6) 正规乘积内部有以下两个等式成立

$$: \frac{\partial}{\partial a} f(a, a^\dagger) := \left[: f(a, a^\dagger) :, a^\dagger \right]$$

$$: \frac{\partial}{\partial a^\dagger} f(a, a^\dagger) := - \left[: f(a, a^\dagger) :, a \right]$$

第 2 章　现代量子力学理论的酝酿期

现代量子力学理论体系是多位天才物理学家集体智慧的结晶, 这一体系的逐步形成来源于如下的思想准备.

2.1　普朗克常数与绝热不变量

光子不生不灭表现出来的个体性表明能量量子化, 说明自然界存在一个常数——普朗克常数, 原来按经典力学规律描述的运动不再成立都是可能的了, 那么物理学家会不会受到某些制约呢? 于是产生一个问题, 什么是应该量子化的物理量? 其本征量子数可以表征量子态.

鉴于普朗克常数非常小, 例如一个单摆总能量为 $E = 1.5 \times 10^{-2}$ J, 摆动频率 ν 是 $0.5\,\mathrm{s}^{-1}$, 假定此能量耗尽是以 $\Delta E = h\nu$ 不连续地变化进行的, 那么测量的精度需要 $\Delta E/E \approx 2 \times 10^{-32}$, 这不易做到. 于是, 有必要讨论力学系统在能量非常缓慢变化情形下, 有什么"绝热不变量" 可以与普朗克常数对应.

在经典意义下, 力学系统在外部条件无限缓慢改变 (外来干扰) 下的进程叫作"绝热的".

在量子力学中, 绝热改变是指其发生的变化率远远小于能量本征态之间的能级差, 在这种情形下, 系统的能量本征态不发生跃迁, 故量子数是绝热不变量. 洛伦兹、爱因斯坦、玻尔等都认为需要量子化的量必然是绝热不变量.

索末菲总结说:"任意力学系统的量子数是由绝热作用变量给出的."

相对于外来干扰而言, 需要量子化的量, 从经典力学层面上看必须是对外来干扰不敏感的量. 爱因斯坦曾经提出绝热不变量的概念, 即在绝热过程中是一个不变量.

爱因斯坦通过单摆说明:在摆弦的起点挖一细孔, 通过小孔极其缓慢地拉动摆弦, 以改变摆的长度. 爱因斯坦指出, 尽管摆动的能量 E 和摆的频率 ν 在此过程中都在缓变, 但可以说明 $\delta E/E = -\delta l/(2l)$, 具体推导如下: 在摆线与轴成 φ 角时, 设摆长 l 的微小改变量是 δl, 此刻, 摆线上的拉动力与摆球重力沿摆线方向的分力提供了向心力, 故拉力位移 δl 所做的总功是

$$\Delta W = -\left(mg\cos\varphi + ml\dot{\varphi}^2\right)\delta l$$

由于在提升摆球所导致的绝热变化中, 发生了多次振动, 但摆长 l 变化极其微小, 故取平均

$$\Delta\bar{W} = -\left(mg\cos\varphi + ml\dot{\varphi}^2\right)_{平均}\delta l$$

$\Delta\bar{W}$ 分为两部分, 与摆球有关的能量 δE 及摆球势能的改变

$$\Delta\bar{W} = -mg\delta l + \delta E$$

故而

$$\begin{aligned}\delta E &= \Delta\bar{W} + mg\delta l \\ &= mg\delta l - \left(mg\cos\varphi + ml\dot{\varphi}^2\right)_{平均}\delta l \\ &= \left(\bar{E}_{\mathrm{p}} - 2\bar{E}_{\mathrm{k}}\right)\frac{\delta l}{l}\end{aligned}$$

对于简谐摆动 $\bar{E}_{\mathrm{p}} = \bar{E}_{\mathrm{k}} = \dfrac{E}{2}$, 其中

$$\frac{\delta E}{E} = -\frac{\delta l}{2l}$$

所以

$$\ln E = \delta\ln\frac{1}{\sqrt{l}}$$

从牛顿力学知道, 摆的周期是 $2\pi\sqrt{\dfrac{l}{g}}$, 频率 $\nu \sim \dfrac{1}{\sqrt{l}}$, 故 $E\sqrt{l} \sim E/\nu$ 是一个常数. 我们通过该孔缓慢地拉动摆弦, 振动能量的改变将与频率成正比, E/ν 是与量子化对应的量. 这可以类比另一位物理学家维恩的观察: 经非常缓慢运动墙的反射波的能量与频率之比是一个常数.

范洪义和陈俊华更直观地用介观电路的量子化理论来分析量子电路中的绝热不变量, 介观 L-C 电路的经典哈密顿量是

$$E = \frac{Q^2}{2C} + \frac{\Phi^2}{2L}$$

其中, Φ 是电感磁通; 电量 Q 的突变需要一脉冲电流, 但是这种脉冲电流将会对电感产生一个无限大的磁场, 所以 Q 是不突变的; 同样, Φ^2 是正比于电感的磁场能量的, 它也是不可能突变的. 所以当一个介观 $L\text{-}C$ 电路的 L 和 C 在外部干扰下做无限小改变时 $L \to L + \Delta L, C \to C + \Delta C$, 电路的能量改变为

$$\delta E = \delta \left(\frac{Q^2}{2C} + \frac{\Phi^2}{2L} \right) = Q^2 \delta \frac{1}{2C} + \Phi^2 \delta \frac{1}{2L}$$
$$= -\frac{Q^2}{2C} \cdot \frac{\delta C}{C} - \frac{\Phi^2}{2L} \cdot \frac{\delta L}{L}$$

由于参数 L 和 C 是绝热变化的, 其间电路发生了多次振荡, 故取平均 (从而平均电容能 = 平均电感能 = E), 可以得到

$$-\frac{\bar{Q}^2}{2C} \cdot \frac{\delta C}{C} - \frac{\bar{\Phi}^2}{2L} \cdot \frac{\delta L}{L} = -\frac{E}{2} \left(\frac{\delta C}{C} + \frac{\delta L}{L} \right)$$
$$= -E \frac{\delta \sqrt{LC}}{\sqrt{LC}} = \delta E$$

对上式积分就得到

$$-\ln E = \ln \sqrt{LC} \tag{2.1}$$

即

$$E\sqrt{LC} = \frac{E}{\omega} = \text{const.} \tag{2.2}$$

让我们考虑上述一般讨论的一个具体情况. 在经典理论中, 假设电路的电容是板面积为 A 的两平行板电容器, 两板相距 D, 填满介电常数为 ε 的材料, 那么

$$C = \frac{\varepsilon A}{D} \tag{2.3}$$

一块板对另一块板的作用力为

$$F = \frac{Q}{2A\varepsilon} Q \tag{2.4}$$

这正是分开这两个板块所需要的作用力. 由于我们是非常缓慢地拉板, 所需要的真正作用力是

$$F = \overline{\frac{Q}{2A\varepsilon} Q} = \frac{1}{2A\varepsilon} CE = \frac{E}{2D} \tag{2.5}$$

所以

$$\delta E = F \delta D = \frac{E}{2D} \delta D \tag{2.6}$$

对上式积分即得到

$$\ln E = \ln \sqrt{D}$$

所以 $E/\sqrt{D}$ 是常数, 由于电容与两板块之间的距离 D 有关, D 越大, 电容越小, 所以 $\omega = \dfrac{1}{\sqrt{LC}} \propto \sqrt{D}$, 我们再次得到

$$\frac{E}{\omega} = \text{const.}$$

至此, 我们找到了量子 L-C 电路的绝热不变量, 它在形式上类似于上述钟摆的摆长缓慢改变过程中的绝热不变量.

这里再考虑这样一个物理问题: 现实生活中充满风雨阴晦, 金属弹簧在空气和雨水浸蚀下缓慢腐蚀, 刚度逐渐变小, 或说劲度系数逐渐变化, 于是就产生了一个有趣的物理问题: 在弹簧缓慢腐蚀过程中, 什么是 (或称为) 绝热不变量?

▶ 弹簧缓慢腐蚀过程中的浸渐不变量

既然考虑的对象是实际应用中的弹簧, 那么它的质量便不可忽略. 设弹簧的原始质量为 m, 原长为 l, 一头固定在 O 点, 当弹簧另一端被拉长 x, 速度 $\dot{x}$, 离开 O 点 y 处的一小段 $\mathrm{d}y$ 就被拉长 $\dfrac{y}{l}x$, 此时弹簧的动能是

$$\frac{1}{2} \int_0^l \frac{m}{l} \left(\frac{y}{l} \dot{x} \right)^2 \mathrm{d}y = \frac{1}{2} \cdot \frac{m}{3} \dot{x}^2$$

设挂在弹簧上的振子质量为 M, 仿佛振子质量增加了 $M' = M + \dfrac{m}{3}$, 其振动频率比起轻弹簧的要减小, 我们可以称 M' 为"表观质量". 振动频率是

$$\sqrt{\frac{k}{M'}} = \omega'$$

系统能量为

$$E = \frac{1}{2} k x^2 + \frac{p^2}{2M'}$$

腐蚀不但使得弹簧刚度 k 变小, 也使得弹簧质量 m 变小, 所以缓慢腐蚀引起的能量改变是

$$\delta E = \frac{x^2}{2} \delta k + \frac{p^2}{2} \delta \frac{1}{M'} = \frac{kx^2}{2} \cdot \frac{\delta k}{k} - \frac{p^2}{2} \cdot \frac{1}{M'^2} \delta M'$$

上式在平均意义下也成立. 注意到平均势能与平均动能各占总能量的一半, 所以有

$$\delta \bar{E} = \frac{\bar{E}}{2} \left(\frac{\delta k}{k} - \frac{\delta M'}{M'} \right)$$

鉴于

$$\frac{1}{2} \left(\frac{\delta k}{k} - \frac{\delta M'}{M'} \right) = \frac{1}{2 \frac{k}{M'}} \left(\frac{\delta k}{M'} - k \frac{\delta M'}{M'^2} \right)$$

$$= \frac{1}{\sqrt{\dfrac{k}{M'}}} \cdot \frac{1}{2\sqrt{\dfrac{k}{M'}}} \delta\left(\frac{k}{M'}\right)$$

$$= \frac{1}{\sqrt{\dfrac{k}{M'}}} \delta\sqrt{\frac{k}{M'}}$$

所以

$$\delta\bar{E} = \bar{E}\frac{1}{\sqrt{\dfrac{k}{M'}}}\delta\sqrt{\frac{k}{M'}}$$

积分得到

$$\ln\bar{E} = \ln\sqrt{\frac{k}{M'}} = -\ln\sqrt{\frac{M'}{k}}$$

于是

$$\bar{E}\sqrt{\frac{M'}{k}} = \frac{\bar{E}}{\omega'} = \text{const.}$$

说明 $\bar{E}/\omega'$ 是浸渐不变量.

2.2 爱因斯坦光子说

在普朗克提出腔壁振子的能量辐射是分立的之后, 爱因斯坦重新思考光的本性, 思路如下:

他首先注意到普朗克曾利用热力学玻尔兹曼熵与热力学概率的关系, 在假定能量不连续后, 导出了辐射公式所对应的熵的形式, 从而确定线性振子的能量元为 $h\nu$. 但是, 普朗克考虑的仅仅是空腔壁的振子, 而爱因斯坦要处理的是所有光辐射的量子化.

爱因斯坦在处理充斥在体积 V_0 中频率为 ν, 能量为 E 的单色辐射波问题时, 采用了光子气的观点:光的能量在空间不是连续分布的, 而是由空间各点的不可再分割的能量子组成的.

为了避免重复普朗克的思路, 爱因斯坦是从维恩的黑体辐射公式 $\alpha\nu^3\mathrm{e}^{-\beta\nu/T}$ 出发（α, β 是根据实验拟合的常数）直接计算空腔壁体积减小时单色辐射熵的减小, 与压缩理想气体的体积减小时熵的变化作比较, 发现十分相似, 即用玻尔兹曼熵和热力学概率的关系 $S = k_{\mathrm{B}}\ln W$ 计算（k_{B} 是玻尔兹曼常数）. 对于辐射而言, 概率的公式是 $W = \left(\dfrac{V}{V_0}\right)^{E/(k_{\mathrm{B}}\beta\nu)}$, 而对压缩气体的概率是 $W = \left(\dfrac{v}{v_0}\right)^n$, v_0 是未压缩前的体积, 这两个结果中的指数相等, 即得到 $E = nk_\mathrm{B}\beta\nu$. 于是爱因斯坦作出假定, 在维恩定律成立的范围内, 在高频段, 辐射在热力学意义下就像能量为 $k_\mathrm{B}\beta\nu$ 的能量量子所构成, 取 $\beta = h/k$, 就像是一种光 (粒) 子. 或换言之, 单原子气体中原子显示出与光子类似的波动性. 爱因斯坦把这个设想以《关于光的产生和转换的一种观点》为题发表文章, 因为他认为这不是严格的证明.

爱因斯坦又认真研究了普朗克所指出的热辐射过程中能量变化的非连续性, 进而指出在光的传播过程中情况也是如此: 当一束光从点光源发出时, 它的能量不是随体积增大而连续分布, 而是包含一定数量的能量量子……不随运动而分裂. 一束光是相同能量的能量子流. 形象地说, 光是像开机关枪那样被射出, 又像是雨滴那样在空中飞, 只是雨滴太密集, 人眼看不出它是断续的. 光子 (静止质量为零) 能量–动量公式为

$$E = h\nu, \quad p = \frac{E}{c}$$

利用这个观点, 爱因斯坦解释了光电效应: 具有一定能量的入射光与原子相互作用, 单个光子把它的全部能量交给原子中某壳层上的一个受束缚的电子, 后者克服结合能后将剩余能作为动能射出, 成为光电子, 此即光电效应. (1887 年赫兹观察到: 两个带电小球之间的电压较小时, 如用高于移动频率的光照亮阴极, 则两球之间有火花掠过.)

一般人很难想象波传达到金属表面上能将电子逼出来, 所以一定是粒子 (而不是波) 把电子轰击出来的, 而且入射光线的波长有个极限值, 一旦超过此值, 电子就轰不出来了. 于是, 当时有一个测定基本电荷值的大物理学家罗伯特·密立根, 站出来反对爱因斯坦把光电效应和量子化理论结合起来的努力, 他说: "光子虽说不上是一种轻率的假设, 但也是一种大胆的假设. 说它轻率是因为它和光的波动性的经典理论相矛盾……光的微粒说是完全不可想象的, 它无法与光的衍射和干涉现象统一起来."

但是, 密立根自己历经数年所做的实验却清楚地表明光子说是对的, 于是他知错便改, 在 1914 年发表文章改变立场, 这也体现了科学大家的人格魅力. 密立根在自传中写道: "……你不能人工造出自然界而不考虑它最杰出的属性——意识和品格……那些你知道自己在另一个世界所拥有的东西……通常理解的唯物主义是一种十分荒谬的、没有道理的哲学, 我相信大多数善于思考的人们确实也是这样认为的."

爱因斯坦的光子说还得到康普顿的光子 (伦琴射线) –自由电子散射实验 (X

射线被低原子量的物质散射时波长变长）的证实, 检验了将电子和光量子看作两个粒子碰撞的能量–动量守恒. 如今测量普朗克常数, 也是利用光电效应原理的.

文学作品里是否有区分光的经典描述和量子描述的佳句呢?

笔者以为, 唐代张若虚写的《春江花月夜》中的两句就很形象:

一句是"空里流霜不觉飞", 文人将它译为:"月色如霜所以霜飞无从觉察", 物理人觉得这是光的经典描述, 此刻我们考量"飞", 无需把它们看作光子.

而另一句是"月照花林皆似霰", 文人将其译为"月光照射着开遍鲜花的树林好像细密的雪珠在闪烁", 物理人觉得这是光的量子描述, 即光子.

2.3　"量子王国"的疆域

在概念上, 习惯量子语言首先要习惯普朗克常数 $\hbar = h/(2\pi)$. 一般而言, 在数学公式里出现 $\hbar$, 该式便是量子范畴的 $\hbar$ 不但是能量的基本单位, 还提供了原子半径 r 表达式:在玻尔原子轨道中的运动电子, 速度为 v, 质量为 m, 电量为 e, 根据势能等价动能关系 $mv^2 \sim \dfrac{e^2}{r}$, 将它相对论化, 基本的轨道半径与 $\dfrac{e^2}{mc^2}$ 有关, 于是

$$\frac{e^2}{mc^2} = 2.8 \times 10^{-13} \,(\text{cm})$$

乘以无量纲常数 $\dfrac{\hbar c}{e^2}$ 的平方, 则这个数的物理意义就是电子在轨道中所允许的速度与光速的比, 故称为精细结构常数

$$\frac{\hbar c}{e^2} = 137.03$$

则有原子世界的长度单位

$$2.8 \times 10^{-13} \,\text{cm} \times (137.03)^2 = \left(\frac{\hbar c}{e^2}\right)^2 \frac{e^2}{mc^2} = \frac{\hbar^2}{me^2} = 0.5 \times 10^{-8} \,\text{cm}$$

所以, 可以直接用普朗克常数 $\hbar$ 表示原子半径. 经典的情形公式是无 $\hbar$ 的, 量子化处理是有 $\hbar$ 的, 当习惯长度量级为 $\dfrac{\hbar^2}{me^2}$ 时, 就进入了量子世界. 原子的量子力学模型在线度很大时, 必然逐渐趋于经典概念, 经典理论是量子理论的极限近似, 称为哥本哈根学派的互补原理. 原子世界的能量单位是 $\dfrac{me^4}{\hbar^2}$, 称为里德堡单位.

2.4 亮线光谱的玻尔解释和泡利的不相容原理

将酒精灯芯蘸上食盐燃烧, 它发射的光谱展示出几条窄线, 其中有一条明亮的黄线. 将灯芯蘸上盐酸燃烧, 则不见黄线, 说明这条黄线是钠的.

每一个元素都有自己独特的光谱; 钠的光谱是单一的, 呈现出明亮的黄色; 不同元素的亮线光谱不同.

就如庄子有云: 长者不为有余, 短者不为不足, 是故凫 (野鸭) 胫虽短, 续之则忧; 鹤胫虽长, 断之则悲.

在普朗克提出量子后, 玻尔提出了原子结构模型的两个假定:

(1) 一个原子系统可以永久处于一系列分立的"定态轨道" 中的一条而不发生辐射. 每一条轨道有确定的轨道角动量

$$L = n\frac{h}{2\pi}$$

其中

$$mvr = n\hbar, \quad \oint p\mathrm{d}r = n\hbar, \quad \hbar = \frac{h}{2\pi}$$

借用曾国藩所说的"续者闭处续" 于此则指: 封闭的电子轨道保持稳定延续, 不辐射.

(2) 两个定态之间的跃迁发射或吸收光子.

氢原子谱线 (玻尔): 库仑定理和牛顿力学结合有

$$\frac{mv^2}{r} = \frac{e^2}{r^2}$$

稳定轨道: 玻尔提出角动量量子化条件, 按照这一模型电子环绕原子核做轨道运动, 外层轨道比内层轨道可以容纳更多的电子; 较外层轨道的电子数决定了元素的化学性质. 如果外层轨道的电子落入内层轨道, 将释放出一个带固定能量的光子. 普朗克–赫兹实验支持原子和电子的碰撞失去的能量有分立的数值.

(3) 定态跃迁发射高频光子需要吸收较多的能量, 这就是为什么炼钢时, 随着钢温度升高, 颜色发生从暗红-黄-白-蓝的变化.

爱因斯坦曾情真意切地评述过玻尔: "当后世人来写我们这个时代在物理学上所取得的进步的历史时, 必然会把我们如何获取原子性质的知识这样一个最重要的进展同尼耳斯·玻尔的名字连在一起……他具有大胆和谨慎这两种品质的难得融合. 很少有谁对隐秘的事物具有一种直觉的理解力和强有力的批判能力. 他不但具有关于细节的全部知识, 还始终坚定地注视着基本原理."

玻尔理论能解释光谱频率, 但不能解释光谱强度. 其困难是: 定态轨道上的电子不辐射, 但它却在做加速运动, 而按照电动力学理论, 它要辐射能量, 其轨道不能稳定. 可见玻尔既需半量子化, 又需要电动力学, 故称为并协原理.

► 玻尔原子论的另一个成果是给出了量子力学相空间表述

除了有薛定谔的波动力学表述、海森伯的矩阵力学表述 (这两种表述被狄拉克视为同一, 并发展为符号法) 和费曼的路径积分表述外, 还有一种常用的是相空间表述, 相空间的维数是系统自由度的两倍. 可以说, 玻尔–索末菲作用量的量子化 (旧量子理论) 就是在相空间中进行的. 以谐振子为例, 令其能量维持一个常量

$$E = \frac{p^2}{2m} + \frac{1}{2}kx^2$$

以 p 和 x 为两维坐标架, 此方程化为

$$\frac{p^2}{2mE} + \frac{x^2}{\frac{2E}{k}} = 1$$

这就成了相空间中的一个椭圆方程, 长、短轴分别为 $A = \sqrt{2mE}$ 和 $B = \sqrt{2E/k}$ 的椭圆方程, 沿椭圆环路积分包含的面积为 πAB, 量子化为 $n\hbar$.

玻尔自 1913 年提出关于氢原子结构模型成功地解释氢原子线谱以后, 又试图将这理论应用于其他原子与分子, 但获得很有限的结果. 经过九年漫长的研究, 1922 年, 玻尔才完成对周期表内各元素怎样排列的论述, 但是, 玻尔并没有解释为什么每个电子层只能容纳有限并且呈规律性数量的电子, 为什么不能对每个电子都设定同样的量子数?

泡利在总结原子构造时提出了泡利原理——一个原子中没有任何两个电子可以拥有完全相同的量子态 (电子自旋的存在).

通过很简单直观的分析就可以认可泡利原理的存在性.

玻尔的轨道理论给出电子的第一个轨道半径是

$$r = \frac{\hbar^2}{Ze^2m}$$

其中, Z 是原子序数, 当 Z 增加时, 电子基态的半径减小. 而另一方面, 由能量公式

$$E \sim \frac{-4\pi^2 Z^2 e^4 m}{\hbar^2}$$

可知电子被束缚得很紧, 于是原子实体将随着 Z 增加而减小. 尽管电子有排斥力但不至于强大到可以阻止原子序数大的原子有收缩到更小尺度的趋势, 于是原子的体积将随 Z 增加而减小, 然而这与事实不符, 也与化学知识冲突, 因为如果电子都挤在同一个轨道上, 那么化学反应就难以发生. 所以必定存在一种基本原理阻止所有的电子都挤在同一个最低的量子轨道上, 此即泡利的发现.

1925 年, 荷兰的两位年轻物理学家 G. E. Unlenbeck 和 S. A. Goudsmit 发现电子自旋、带半整数 $\frac{\hbar}{2}$、自旋的方向是量子化的, 这支持了泡利的不相容原理. 他们提出电子具有自旋 (1925) 的主要原因是当时观察到的碱金属的能级分裂的简并度大于用玻尔和索末菲的理论解释的预测值, 而塞曼（Zeeman）效应的能级分裂的大小使其得以估计电子的磁矩大约为 $\mu = \dfrac{e\hbar}{2mc}$, 这些证据使他们认为电子具有 $\dfrac{\hbar}{2}$ 的内禀角动量. 费米和狄拉克称带半整数自旋的粒子为费米子.

2.5　德布罗意：从光波到电子物质波

1905 年, 爱因斯坦提出了光电效应的光量子解释, 人们开始意识到光波同时具有波和粒子的双重性质. 1924 年, 法国物理学家德布罗意提出"物质波"假说, 认为和光一样, 一切物质都具有波粒二象性. 根据这一假说, 电子也会具有干涉和衍射等波动现象, 这被后来的电子衍射试验所证实.

▶　德布罗意波粒二象性思想来源

对于普朗克在 1900 年提出的能量量子的学说, 德布罗意的第一个反应是不满意的：因为普朗克是用 $E = h\nu$ 这个关系式来确定光微粒能量的, 式子中包含着频率 ν, 而纯粹的粒子理论不包含任何定义频率的因素；另一个原因是, 确定原子中电子的稳定运动涉及整数, 而当时的物理学中只有波的干涉与本征振动现象（如驻波）涉及整数, 有周期的概念如基频、倍频. 这让德布罗意想到不能用简单的微粒来描述电子本身, 还应该赋予它周期的概念, 在所有情形下, 都必须假设微粒伴随着波存在. 这需要把原子看作某种乐器, 而乐器的发音有基音与泛音.

关于德布罗意提出物质波粒二象性公式（电子既是粒子又是波）有一个有趣的传说. 某天, 德布罗意无意中看到学物理的哥哥遗落在家中的一份关于"光量子理论"的学术会议记录, 他读到了一位名叫爱因斯坦的人提出的"光既是波也是粒子"的光量子理论. 德布罗意想: "不难理解光是波, 比如雨后七色彩虹的形成是由于波长不一样的各色光遇到水珠后产生的折射率也不相同, 这使原本混在一起的各色光产生干涉. 然而将光看作粒子, 这太让人难以理解了. 看来要想了解其中的奥秘, 只有再上大学, 去学物理!"他于是拜朗之万为师, 用功学习物理. 由于德布罗意年青时参加过第一次世界大战, 在一个气象观测队里服役, 因此每日都关注着天气……不久, 他觉得要了解天气莫过于在野外观察青蛙, 于是战争期间他一直和青蛙生活在一起. 青蛙跳水时的圆形波纹启发他想到了电子的运动条件也许跟随某种"导航波", 而使整个波嵌入一个定态轨道, 物质的量子状态与谐振现象有密切关系了!

1924 年, 从几何光学的最短光程原理和经典粒子服从的最小作用量原理的相似性出发, 德布罗意导出了物质波公式

$$p = \frac{h}{\lambda}, \quad E = \gamma h$$

其中, γ 是频率, 与波动有关;E 是玻尔理论中的电子能级. 满足

$$2\pi r_n = n\lambda$$

n 个波正好嵌在圆内. 将电子动量 $p = \dfrac{h}{\lambda}$ 代入 $2\pi r_n = n\lambda$ 得到玻尔量子化条件

$$2\pi r_n = n\frac{h}{p}, \quad pr_n = nh.$$

1. 德布罗意波长的数量级

一块 100 g 的石头, 以 100 cm/s 速度飞行, 其德布罗意波的波长为 6.6×10^{-31} cm；当电子在 1 V 的电场中运动时, 速度为 6×10^7 cm/s, 则德布罗意波长为 10^{-7} cm , 相当于 X 射线的波长, 晶体内原子的间距也是此数量级.

2. 德布罗意的论文说明

(1) 玻尔的所谓电子轨道实际上是模糊的, 因为电子既是粒子又是波, 但这为以后的玻恩概率假设做了铺垫.

(2) 这为后来的薛定谔方程的建立开了先河.

(3) 微观粒子有波动性, 故有干涉现象, 其状态可以叠加, 于是导致态叠加原理(与海森伯的不确定性原理同样有地位).

爱因斯坦称赞德布罗意的理论, "物质的波动本质尚未被实验证实的时候, 德布罗意就首先意识到物质的量子状态和谐振现象之间存在着物理上的和形式上的

密切联系." 1927 年, 戴维逊和革末用电子轰击晶体观察到波动性现象. 1928 年伽莫夫指出 α 射线的放射性蜕变也可以用波粒二象性解释, 即微观粒子跨越势垒的"隧道效应 ", 这可与清代蒲松龄写的《崂山道士》的穿墙术联想起来.

德国物理学家劳厄某次和一个学生讨论晶体光学的散射, 劳厄只关心晶格间距的数量级, 以判断晶体是否可以作为 X 射线的天然光栅. 这是把光学知识融会贯通到晶格研究的范例. 劳厄和他的助手把一个垂直于晶轴切割的平行晶片放置在 X 射线源和照相底片之间, 发现底片上有规则的斑点, 其与劳厄推导的衍射方程吻合. 此举证实了 X 射线的波动性, 也可用来确定晶格点阵, 故获得诺贝尔奖. 人称劳厄有"光学嗅觉".

德布罗意波粒二象性有非常重要的实际应用, 例如, 当氢原子放射一个频率为 ω 的光子时, 原子会反冲, 就像一把枪发射一颗子弹引起枪身反冲一样. 原子的反冲会导致 ω 改变到 ω', 则

$$\hbar\omega - \hbar\omega' = \frac{mv'^2}{2}$$

m 是氢原子质量, 原子的反冲速度为 v'

$$mv' = -\frac{\hbar\omega'}{c}$$

所以

$$\hbar\omega - \hbar\omega' = \frac{1}{2m}\left[\frac{\hbar\omega'}{c}\right]^2$$

即

$$\frac{\Delta\omega}{\omega^2} = \frac{\hbar}{2mc^2}$$

或波长变化

$$\Delta\lambda = c\Delta\omega^{-1} = c\frac{\Delta\omega}{\omega^2} = \frac{\hbar}{2mc}$$

波粒二象性既非"判然分而为二", 又非"合两而以一为之纽".

波粒二象性指的是所有的粒子或量子不仅可以部分地以粒子的术语来描述, 也可以部分地用波的术语来描述, 是微观粒子的基本属性之一.

1934 年普朗克在回忆中提到对德布罗意的态度时说: "早在 1924 年, 路易·德布罗意先生就阐述物质粒子和一定频率的波之间有相似之处, 当时他的思想是如此之大胆, 以致没有一个人相信他的正确性……我本人, 说真的, 只能摇头叹息. 而洛伦兹先生对我说: '这些年轻人认为抛弃物理学中老的概念简直易如反掌.'"

　　而德布罗意呢, 幸好如洛伦兹所说, 物理学中老的概念在他的脑中并不是那么根深蒂固.

　　然而, 普朗克终究还是接受了德布罗意的观点, 在"摇头叹息"后不久, 他用电子的德布罗意波长估算了普朗克常数 h 的大小, 思路如下:

　　首先, 从 $E = h\nu$ 可知, h 不能为无穷小, 否则有限的 E 会导致频率无穷大, 从而使波长趋于零, 这样一来波动光学就与几何光学合二为一了, 这不合理. 另一方面, 电子波长小于轨道曲率半径的条件总应该得到满足, 当电子的轨道半径 r 收缩到原子尺度时, 电子受向心力作用公式为

$$\frac{mv^2}{r} = \frac{e^2}{r^2}$$

故德布罗意波长

$$\lambda = \frac{h}{mv} = \frac{h}{e}\sqrt{\frac{r}{m}}$$

或

$$\frac{\lambda}{r} = \frac{h}{e}\sqrt{\frac{1}{mr}}$$

普朗克认为 λ 与 r 应该是同一量级, 故而

$$h \sim e\sqrt{mr}$$

鉴于

$$r = 10^{-7}\,\text{cm}, \quad e = 4.77 \times 10^{-10}\,(\text{erg} \cdot \text{cm})^{1/2}, \quad m = 9.02 \times 10^{-28}\,\text{grm}$$

于是, 可估算出 $h = 4.5 \times 10^{-27}\,\text{erg} \cdot \text{s}$, 与实际值 $6.55 \times 10^{-27}\,\text{erg} \cdot \text{s}$ 差别不大.

　　与洛伦兹的观点相反, 爱因斯坦说:"假如这个思想一开始就不是荒唐的, 那么它就没有希望了."他还夸奖道:"德布罗意已经掀开了这层重要面纱的一角."

　　没有什么合乎逻辑的方法能导致这些基本定律的发现. 有的只是直觉的方法, 辅之以对现象背后规律的那种爱好.

　　有了以上思想准备, 现代量子力学理论就呼之欲出了.

第 3 章　海森伯方程和薛定谔方程

玻尔轨道理论能解释光谱频率, 但不能解释光谱强度, 其困难是, 定态轨道上的电子不辐射, 但它却在做加速运动, 而按照电动力学理论这样它就要辐射能量, 而其轨道不可能稳定. 于是, 海森伯理论应运而生. 就在玻尔原子轨道理论陷于困境而诸多物理学家都束手无策时, 1925 年, 海森伯在研究氢光谱强度时意识到不应拘泥于电子轨道的讨论, 因为它不是物理可观察量. 就连玻尔也没有看到过电子轨道, 而只是有个心像而已. 这符合明代王阳明的格物语录:"心之所发即是意, 意之所在即是物." 电子轨道是基于玻尔个人的认识而出现的, 换一个人 (海森伯) 电子轨道就没有了. 海森伯另辟蹊径, 即将跃迁频率和谱线强度作为可观测量. 在波粒二象性的启发下, 海森伯将外层电子的运动比拟为一个振子, 其周期运动有一定的频率, 其傅里叶变换可给出辐射的信息, 鉴于光谱线的确定总是联系着双重频率, 所以可以排成一个表, 表中的每一个元素都有两个指标, 而相应的动力学量, 如电子的坐标 x, 动量 p, 也应该写成表格的形式. 但这样一来, 坐标 q, 动量 p 就不再是普通数了, 不再满足 $xp = px$. 海森伯的结果依赖于计算中的乘法不可对易, 这令他好生奇怪, 当时他还不知道这就是矩阵运算, 于是他把论文拿给著名物理学家玻恩, 请教有没有发表价值. 玻恩一眼就认出海森伯用来表示观察量的二维数集正是线性代数中的矩阵, 于是量子力学中出现了矩阵, 也就是算符, 一般而言, 它们不可交换. 玻恩将海森伯的结果抽象为关于坐标和动量的不可交换

$$[x, p] = xp - px = i\hbar$$

这就是量子化的标准形式. 玻恩去世后, 在他的墓碑 (哥廷根城市公墓) 上就刻了这个式子, 但玻恩并没能和海森伯分享 1932 年的诺贝尔物理学奖, 而是在 1954 年因给予波函数以概率假设才获奖.

正是玻恩的慧眼认识到了海森伯工作的重要意义, 并和约当一起加以发扬, 才使得海森伯最终成为量子力学创始人之一, 海森伯应该感谢玻恩的知遇之恩. 此

后, 海森伯的新理论就被叫作 "矩阵力学", 它关注于可观察的量. 量子力学坐标–动量的基本对易关系告诉我们, 先测量坐标与先测量动量的结果不同, 这表明了坐标与动量是不能同时精确地测定的, 这就必然导致不确定原理存在 (这是海森伯的一大贡献).

在海森伯的论文基础上, 有 3 篇重要的跟踪文章进一步确认和扶持了矩阵力学:

(1) 玻恩和约当确认了对易关系 $[x, p] = i\hbar$.

(2) 泡利用算符代数关系求出了氢原子的能级.

(3) 狄拉克也一眼看出, 海森伯文章的坐标和动量的不可交换是量子力学的主要特征, 使他联想起分析力学中的泊松括弧的形状, 看到了经典泊松括号与量子对易括号的相似处, 量子对易括号恰好对应经典泊松括弧所表达的动力学内容, 量子化也可纳入经典力学的哈密顿形式, 这是他对量子化的第一个贡献.

狄拉克指出哈密顿正则方程在量子论中表现为

$$\frac{\mathrm{d}}{\mathrm{d}t} A = \frac{1}{i\hbar} [A, H] \tag{3.1}$$

这里的 H 标记哈密顿算符, 代表系统的总能量, A 是某个可观测量, 此式称为海森伯方程.

狄拉克进而把不对易的量 x, p 称为 q 数, q 代表 quantum, 即算符, 以区别普通的 c (common) 数. 算符是满足一定代数法则的抽象量子变量, 不一定非要用矩阵表达. 后来狄拉克又发明了简洁的 ket-bra 符号 $|\rangle\langle|$ 来表达算符.

狄拉克称赞海森伯的论文开创了理论物理的黄金时代. 从此, "在量子力学形式体系中, 通常用来定义物理体系的状态的那些物理量, 被换成了一些符号性的算符, 这些算符服从着和普朗克恒量有关的非对易算法." (玻尔语)

下面的叙述就是直接处理算符理论, 下面我们介绍一种简捷的方法引入海森伯方程.

3.1　海森伯方程作为经典泊松括号的对应

在经典力学中, 以 ω 圆频做简谐振动的质点的位移 $q \sim q_0 \mathrm{e}^{\mathrm{i}\omega t}$, 对应到量子力学坐标算符就是 $X \sim X_0 \mathrm{e}^{\mathrm{i}\omega t}$, 所以湮灭算符随时间的演化也是

$$a\left(t\right) = a\left(0\right) \mathrm{e}^{\mathrm{i}\omega t} \tag{3.2}$$

它是波动方程的解

$$\left(\frac{\mathrm{d}^2}{\mathrm{d}t^2} + \omega^2\right) a = 0 \tag{3.3}$$

此方程等价于

$$\frac{\mathrm{d}}{\mathrm{d}t} a = -\mathrm{i}\omega a \tag{3.4}$$

由于算符的演化随动力学哈密顿量支配, 所以我们把上式改写为算符 a 与谐振子 $\hat{H} = \left(a^\dagger a + \frac{1}{2}\right)\omega\hbar$ 哈密顿量的对易子, 即

$$\frac{\mathrm{d}}{\mathrm{d}t} a = -\frac{\mathrm{i}}{\hbar}\left[a, \left(a^\dagger a + \frac{1}{2}\right)\omega\hbar\right] = -\frac{\mathrm{i}}{\hbar}\left[a, \hat{H}\right] \tag{3.5}$$

从此推广开去, 对于任一算符 $\hat{O}$, 形为

$$\hat{O} = \frac{1}{\mathrm{i}\hbar}\left[\hat{O}, \hat{H}\right] \tag{3.6}$$

的方程称为海森伯方程. 例如, 从式 (3.1) 和式 (1.13) 得到 (以下令 $\hbar = 1$):

$$\frac{\mathrm{d}X}{\mathrm{d}t} = -\mathrm{i}\left[X\ \hat{H}\right] = -\mathrm{i}\left[X\ \frac{1}{2m}\hat{P}^2\right] = \frac{P}{m} \tag{3.7}$$

$$\frac{\mathrm{d}P}{\mathrm{d}t} = -\mathrm{i}\left[P\ \hat{H}\right] = -\mathrm{i}\left[P\ \frac{m\omega^2}{2}X^2\right] = -m\omega^2 X \tag{3.8}$$

实际上, 海森伯方程可以从与经典泊松括号对应而得到 (这是狄拉克首先领悟到的), 泊松括号是

$$[h, f] = \frac{\partial h}{\partial p} \cdot \frac{\partial f}{\partial x} - \frac{\partial h}{\partial x} \cdot \frac{\partial f}{\partial p},$$

这里 x 与 p 是一对正则共轭量, h 是经典哈密顿量. 再用经典正则方程

$$\frac{\mathrm{d}x}{\mathrm{d}t} = \frac{\partial h}{\partial p}, \quad \frac{\mathrm{d}p}{\mathrm{d}t} = -\frac{\partial h}{\partial x}$$

就得 f 随时间的变化

$$\frac{\mathrm{d}f}{\mathrm{d}t} = \frac{\partial f}{\partial t} + \frac{\partial f}{\partial x} \cdot \frac{\mathrm{d}x}{\mathrm{d}t} + \frac{\partial f}{\partial p} \cdot \frac{\mathrm{d}p}{\mathrm{d}t} = \frac{\partial f}{\partial t} + [h, f] \tag{3.9}$$

当 f 不显含时间时, $\dfrac{\mathrm{d}f}{\mathrm{d}t} = [h, f]$, 它与式 (3.6) 对应. 那么, 经典正则变换如何直接地对应到量子力学幺正变换 (保持被观测量不变的变换) 呢? 例如, 当 $x \to x/\mu$, 相应的量子变换算符是什么, 这个问题以后由 IWOP 理论解决.

3.2　相算符作为谐振子海森伯方程的解

方程 (3.4) 还允许有如下的解 (其中 $\mathrm{e}^{\mathrm{i}\phi}$ 是待定的算符):

$$a = f(N)\,\mathrm{e}^{\mathrm{i}\phi}, \quad a^\dagger = \left(\mathrm{e}^{\mathrm{i}\phi}\right)^\dagger f(N) \tag{3.10}$$

因为根据式 (3.1) 和式 (3.4) 有

$$\frac{\mathrm{d}}{\mathrm{d}t}a = -\mathrm{i}f(N)\left[\mathrm{e}^{\mathrm{i}\phi}, H\right] = -\mathrm{i}\omega f(N)\,\mathrm{e}^{\mathrm{i}\phi} \tag{3.11}$$

这就要求

$$\left[\mathrm{e}^{\mathrm{i}\phi}, N\right] = \mathrm{e}^{\mathrm{i}\phi}, \quad \left[\left(\mathrm{e}^{\mathrm{i}\phi}\right)^\dagger, N\right] = -\left(\mathrm{e}^{\mathrm{i}\phi}\right)^\dagger \tag{3.12}$$

于是得到

$$a^\dagger a = \left(\mathrm{e}^{\mathrm{i}\phi}\right)^\dagger f^2(N)\,\mathrm{e}^{\mathrm{i}\phi} = f^2(N-1)\left(\mathrm{e}^{\mathrm{i}\phi}\right)^\dagger \mathrm{e}^{\mathrm{i}\phi} \tag{3.13}$$

其最简单的解是取 $f(N) = \sqrt{N+1}$, 于是

$$\mathrm{e}^{\mathrm{i}\phi} = \frac{1}{\sqrt{N+1}}a, \quad \left(\mathrm{e}^{\mathrm{i}\phi}\right)^\dagger = a^\dagger \frac{1}{\sqrt{N+1}} \tag{3.14}$$

或

$$a = \sqrt{N+1}\,\mathrm{e}^{\mathrm{i}\phi}$$

对照一个复数的极分解 $\alpha = |\alpha|\mathrm{e}^{\mathrm{i}\phi}$, 我们认为 a 也有某种振幅–相分解, $\dfrac{1}{\sqrt{N+1}}$ 代表振幅, 所以 $\mathrm{e}^{\mathrm{i}\phi}$ 代表相算符. 早在 1927 年, 狄拉克就用极分解 $a = \sqrt{\hat{n}}\cdot$ 相算符, $\sqrt{\hat{n}}$ 代表振幅, 相算符 $= \dfrac{1}{\sqrt{\hat{n}}}a$, 后来萨斯坎德–格洛戈尔 (Susskind-Glogower) 把相算符改为 $\dfrac{1}{\sqrt{\hat{n}+1}}a$, 以避免 $\dfrac{1}{\sqrt{\hat{n}}}$ 作用到 $\langle 0|$ 的尴尬. 用狄拉克符号表示为

$$\mathrm{e}^{\mathrm{i}\phi} = \frac{1}{\sqrt{N+1}}a = \sum_{n=1}^{\infty} |n-1\rangle\langle n| \tag{3.15}$$

$$\left(\mathrm{e}^{\mathrm{i}\phi}\right)^\dagger = a^\dagger \frac{1}{\sqrt{N+1}} = \sum_{n=0}^{\infty} |n+1\rangle\langle n| \tag{3.16}$$

由此可见

$$e^{i\phi}\left(e^{i\phi}\right)^{\dagger} = 1, \quad \left(e^{i\phi}\right)^{\dagger}e^{i\phi} = 1 - |0\rangle\langle 0| \tag{3.17}$$

相算符 $e^{i\phi}$ 不是幺正的, "相角"ϕ 的概念与性质也不清楚, 这是为什么呢? 也许从 $[e^{i\phi}, N] = e^{i\phi}$ 可推断出

$$[N, \phi] = i \tag{3.18}$$

从而形式上有

$$\Delta N \Delta \phi \geqslant \frac{1}{2} \tag{3.19}$$

但这是有问题的, 因为当 $\Delta N = 0$, 粒子数测准了, 而"相角"的取值 $\Delta \phi \leqslant \pi$, 并非趋于无穷. "相"是可观测量, 倘使我们希望 ϕ 是厄密算符, 那么 $\left(e^{i\phi}\right)^{\dagger} = e^{-i\phi}$, 姑且就可以引入

$$\cos\phi = \frac{e^{i\phi} + e^{-i\phi}}{2} \tag{3.20}$$

并算出

$$[N, \cos\phi] = -i\sin\phi, \quad [N, \sin\phi] = i\cos\phi \tag{3.21}$$

根据式 (3.21) 有数–相测不准关系

$$\Delta N \Delta \cos\phi \geqslant \frac{1}{2}|\langle \sin\phi \rangle|, \quad \Delta N \Delta \sin\phi \geqslant \frac{1}{2}|\langle \cos\phi \rangle| \tag{3.22}$$

以下我们换一个物理系统来讨论数–相量子化.

3.3　由法拉第定理决定的介观电路的数–相量子化方案

随着电子器件与仪器的尺寸逐渐变小, 电路的量子化效应就彰显出来. 以最简单的电感–电容 (L-C 电路) 量子化为例, 其哈密顿量为 (包括电容储存能量 $\frac{Q^2}{2C}$ 与电感储存能量 $\frac{\Phi^2}{2L}$ 之和)

$$H = \frac{Q^2}{2C} + \frac{\Phi^2}{2L}, \quad \frac{1}{LC} = \omega^2 \tag{3.23}$$

其中, $\Phi = LI$ 是电感磁通. 介观电路的量子化方案最先是由路易塞尔 (Louisell) 提出的, 他让电荷 Q 量子化为正则坐标, $L\dfrac{\mathrm{d}Q}{\mathrm{d}t}$ 量子化为正则动量. 但在本节中, 我们采取另一个物理上更为直观的量子化方案: 考虑到电量等于移动电荷数 n 乘

单电子的电量 e, 所以很自然地把电荷数 n 量子化为算符 $\hat{n} = a^\dagger a$ (粒子数算符), $\hat{Q} = e\hat{n}$ 为电量电荷算符, 那么相应的正则共轭算符是什么呢? 在 L-C 电路中, 如把 Φ 量子化为算符 $\hat{\Phi}$, 则根据海森伯方程 $(\hbar = 1)$

$$\mathrm{i}\frac{\mathrm{d}\hat{\Phi}}{\mathrm{d}t} = \left[\hat{\Phi}, \hat{H}\right] = \left[\hat{\Phi}, \frac{\hat{Q}^2}{2C}\right] \tag{3.24}$$

另一方面, 根据法拉第定理 $-\dfrac{\mathrm{d}\Phi}{\mathrm{d}t} = V = \dfrac{Q}{C}$, 可知

$$\mathrm{i}\left[\hat{\Phi}, \frac{\hat{Q}^2}{2C}\right] = \mathrm{i}\left[\hat{\Phi}, \frac{e^2\hat{n}^2}{2C}\right] = \frac{e\hat{n}}{C} \tag{3.25}$$

这就表明

$$\left[\hat{\Phi}, \hat{Q}\right] = -\mathrm{i} \tag{3.26}$$

可见与 $\hat{Q}$ 共轭的算符为 $\hat{\Phi}$, 即 $\hat{\Phi}$ 可视为介观 L-C 量子电路中的正则动量. 由于 $\hat{Q}$ 是 $e\hat{n} = ea^\dagger a$(数算符), 所以 $\hat{\theta} \equiv \dfrac{\hat{\Phi}}{e}$ 代表相算符. 由式 (3.26) 可知

$$\mathrm{e}^{\mathrm{i}\hat{\theta}}\hat{n}\mathrm{e}^{-\mathrm{i}\hat{\theta}} = \hat{n} + 1 \tag{3.27}$$

为了知道算符 $\mathrm{e}^{\mathrm{i}\hat{\theta}}$, 用 $\hat{Q} = e\hat{n}$ 改写上式, 则

$$\frac{1}{\sqrt{\hat{n}+1}} a\left(ea^\dagger a\right) a^\dagger \frac{1}{\sqrt{\hat{n}+1}} = e\hat{n} + e \tag{3.28}$$

可见

$$\mathrm{e}^{\mathrm{i}\hat{\theta}} = \frac{1}{\sqrt{\hat{n}+1}} a \tag{3.29}$$

以上我们就用介观电路的数–相量子化方案给出了相算符具体表示, 这是引入相算符的新方法. 所以

$$\left[e\hat{n}, \frac{\mathrm{e}^{\mathrm{i}\hat{\theta}}}{e}\right] = -\mathrm{e}^{\mathrm{i}\hat{\theta}} \tag{3.30}$$

量子化的哈密顿量为

$$\hat{H} = \frac{e^2\hat{n}^2}{2C} + \frac{\hat{\Phi}^2}{2L} \tag{3.31}$$

由海森伯方程得

$$\mathrm{i}\frac{\mathrm{d}\hat{n}}{\mathrm{d}t} = \left[\hat{n}, \frac{\hat{\Phi}^2}{2L}\right] = \mathrm{i}\frac{\hat{\Phi}}{Le} \tag{3.32}$$

再微分一次, 根据法拉第定理

$$\frac{\mathrm{d}^2\hat{n}}{\mathrm{d}t^2} = -\frac{\hat{n}}{LC} \tag{3.33}$$

其解为

$$\hat{n}(t) = \hat{n}(0)\mathrm{e}^{\mathrm{i}t/\sqrt{LC}} = \hat{n}(0)\mathrm{e}^{\mathrm{i}\omega t} \tag{3.34}$$

此反映了电路的振荡行为.

3.4　对应经典弦振动方程引入薛定谔方程

既然是德布罗意波, 就应该有相应的波动方程. 薛定谔在化学物理学家德拜先生的激励下, 想到几何光学是波动光学的近似, 经典力学是波动力学的近似, 于是在德布罗意关系的基础上, 引入薛定谔方程. 这里介绍对应弦振动方程引入薛定谔方程的途径, 从数理方程已经知道弦振动方程为

$$T\frac{\partial^2\psi}{\partial x^2} = \mu\frac{\partial^2\psi}{\partial t^2} \tag{3.35}$$

其中, T 是弦上张力, $\psi(x)$ 是在 x 处拨弦的位移, μ 是弦元质量, $\frac{\partial^2\psi}{\partial t^2}$ 代表加速度. 令

$$\psi = u(x)\sin\omega t \tag{3.36}$$

代入上式得到

$$\frac{\mathrm{d}^2 u}{\partial x^2} + \omega^2\frac{\mu}{T}u = 0 \tag{3.37}$$

对于正弦振动

$$u = \sin\frac{2\pi x}{\lambda}, \quad \frac{2\pi}{\lambda} = \omega\sqrt{\frac{\mu}{T}} \tag{3.38}$$

有

$$\frac{\mathrm{d}^2 u}{\partial x^2} + \left(\frac{2\pi}{\lambda}\right)^2 u = 0 \tag{3.39}$$

由德布罗意关系 $p = \dfrac{h}{\lambda} = \sqrt{2m(E-V)}$, 故得到

$$\frac{\mathrm{d}^2 u}{\partial x^2} + \left(\frac{2\pi}{\frac{h}{p}}\right)^2 u = \frac{\mathrm{d}^2 u}{\partial x^2} + \frac{8\pi^2 m}{h^2}(E-V)u = 0 \tag{3.40}$$

或

$$Eu = -\frac{\hbar^2}{2m}\cdot\frac{\mathrm{d}^2 u}{\partial x^2} + Vu \tag{3.41}$$

为了进一步得到含时方程, 仿照电磁波的指数形式, 可得描述动量为 p, 能量为 E 的一束电子波的表达式为

$$\psi(x,t) = A\exp\left[\frac{\mathrm{i}(p_x x - Et)}{\hbar}\right]$$

再用 $\dfrac{\partial \psi}{\partial x} = \dfrac{\mathrm{i}}{\hbar} p_x \psi$ 和 $E = \dfrac{p^2}{2m} + V$ 可建立含时波动方程:

$$\mathrm{i}\hbar \dfrac{\partial}{\partial t}\psi = E\psi = -\dfrac{\hbar^2}{2m} \cdot \dfrac{\mathrm{d}^2}{\mathrm{d}x^2}\psi + V\psi$$

其解 ψ 代表德布罗意波, 冠名为波函数. 薛定谔又想到原子光谱可能是与某种本征值问题有关系, 用傅里叶展开的方法把微观系统中的能态问题简化为确定的反映其本征基波和谐波的问题, 以此计算氢原子的能级, 薛定谔方程的解可以解释光谱的亮线问题, 完全符合实验结果. 这种做法允许波函数的叠加也可以是解.

薛定谔不久也意识到他的做法和海森伯的做法殊途同归, 各有千秋, 薛定谔的方法容易结合解数理方程来处理波函数, 海森伯的做法处理算符容易结合李代数和矩阵.

波函数被玻恩解释为在 t 时刻找到电子在 x 处的概率, 这样一来用电子云解释代替了定态轨道, 不需要如玻尔那样硬性引入量子化条件, 于是玻尔理论的困境烟消云散, 在全空间找到粒子的概率为 1, 所以

$$\int_{-\infty}^{\infty} \mathrm{d}x \psi^*\left(x, t\right) \psi\left(x, t\right) = 1$$

反映了波函数的完备性.

3.5　玻恩的概率波

历史上, 人们偏爱薛定谔方程是因为它在确定的表象中可落实为微分方程, 并能正确地给出氢原子的能级与电子波函数. 薛定谔方程是针对粒子以波的形式传播而建立的方程, 起初他以为此方程给出的解的物理意义与电磁波相似, 后来是玻恩指出薛定谔方程给出的是以波的形式传播的粒子在空间某一位置出现的概率.

玻恩在 20 世纪 20 年代使哥廷根大学成了量子力学的中心, 他不但为海森伯提供矩阵, 也为薛定谔的公式找到了一种新的解释:在空间任何一个点上的波动强度——数学上通过波函数的平方来表达——是在这一点碰到粒子的概率大小. 玻恩的物质波与流感的相似处有一比拟:假如流感波及一座城市, 这就意味着这座城市里的人患流行性感冒的概率增大了. 流行病调查的波动描述的是患病者的统计图样, 而非流感病原体自身. 与此相仿, 物质波以同样的方式描述的仅仅是概率的统计图样, 而非粒子自身数量.

玻恩的物质概率波假设也说明, 为了区分全同的微观粒子而对它们进行编号是没有意义的, 因为它们没有轨道可言.

历史上, 最早是卢瑟福发现了放射性衰变的概率现象, 他实验室中的盖格计数器被镭源放出的粒子间歇地打响, 说明从镭放出的粒子是受概率论支配的. 光辐射也受概率支配, 普朗克在处理黑体辐射时认识到既然温度是大量原子的热平均, 那么就应该把黑体辐射描述为光的能量在一组谐振子上的分布, 每一个振子是能量子 $E = \hbar\nu$. 普朗克发现这种分布是最可几概率分布, 能量大多数分布在中间频率范围 (鉴于高频率谐振子具有较高的能量, 因此, 在有限能量的前提下, 任何体系所含的高频率谐振子不多, 这就是如今的太阳还晒不死人的原因).

然而, 爱因斯坦对量子力学有两个不满, 一是觉得量子力学的数学不够完善; 二是不满概率假设, 认为目前的量子论只限于阐述关于存在的某些可能性的规律. 按照量子理论, 知道一个体系的概率就能算出另一时间值的概率, 这样一来, 所有物理定律都和客观的实体无关, 只和概率有关. 他写道: "似乎很难看到上帝的牌. 但是我一分钟也不会相信他玩着骰子和使用 '心灵感应' 的手段." 在另一场合他又说: "观察微观世界时, 其结果用统计的方法表示是可以理解的……电子存在的概率以 A 点 50%、B 点 30%、C 点 20% 表示 (好比扑克的三张牌), 但认为观测的电子在 A, B, C 三点共同存在岂不可笑? " 爱因斯坦认为, 当玻尔去抽牌时, 上帝早就知道是哪张牌了, 只是不说而已.)

而玻恩反驳说: "假如说上帝给这个世界创造了一种完美的机制, 那至少是他对我们不完美的智力作了大大的让步: 为了预言这世界的小小一部分, 我们用不着去解数不清的微分方程而可以相当成功地利用骰子."

薛定谔的波动力学在 1927 年被海特勒–伦敦用于研究分子, 他们将化学键归结为一种"交换能", 这是经典物理中没有类比的 (本书作者认为也可以用量子纠缠的思想来讨论化学键). 接着, 在 1928 年, 海森伯把"交换能" 的概念应用到铁磁性的研究中.

1941 年, 费曼给出路径积分量子化的形式, 以粒子的无穷多轨道 (每个轨道有一定的"幅度") 代替"波". 费曼的导师惠勒将这一方法介绍给爱因斯坦并征求他的意见, 但爱因斯坦还是坚持认为上帝不会掷骰子.

3.6　从海森伯方程过渡到薛定谔方程的例子

海森伯创立的矩阵力学与薛定谔在德布罗意波的基础上建立起关于波函数的波动方程差不多在同时. 起初, 这两位各行其是的物理学家对于对方的理论不屑一顾, 但不久这两种理论就被视为等价, 殊途同归. 以本书作者拙见, 不妨说海森伯方程偏向于"粒子（质点）"的考虑, 而薛定谔方程偏向于"波"的考虑, 这也算是一个勉强符合波粒二象的说教吧. 其实, 现象的物理本质往往需要从多个角度去理解. 由上节可见, 海森伯方程意在研究算符在动力学支配下的演化, 而当人们着眼于量子态的演化时, 就转换为薛定谔方程. 以下我们举一例说明如何从海森伯方程转向薛定谔方程. 考察一个受迫量子振子的哈密顿方程

$$H = \omega a^\dagger a + f(t) a + a^\dagger f^*(t)$$

由海森伯方程导出

$$\frac{\mathrm{d}}{\mathrm{d}t} a = -\mathrm{i}[a, H] = -\mathrm{i}[\omega a + f^*(t)]$$

此微分方程的解为

$$a_t = a_0 \mathrm{e}^{-\mathrm{i}\omega t} - \mathrm{i} \int_0^t f^*(\tau) \mathrm{e}^{-\mathrm{i}\omega(t-\tau)} \mathrm{d}\tau$$

$a_0 = a_{t=0}$. 从贝克–豪斯多夫（Baker-Hausdorff）公式的观点看, 存在一个算符 $S(t)$,

$$S(t) = \mathrm{e}^{\mathrm{i}\left(\eta^* a_0^\dagger + \eta a_0\right)} \mathrm{e}^{\mathrm{i}\omega a_0^\dagger a_0 t}$$

其中

$$\eta = \int_0^t \mathrm{d}\tau f(\tau) \mathrm{e}^{-\mathrm{i}\omega\tau}$$

它能使得 a_0 变换为 a_t, 即

$$
\begin{aligned}
S(t) a_0 S^{-1}(t) &= \mathrm{e}^{\mathrm{i}\left(\eta^* a_0^\dagger + \eta a_0\right)} \mathrm{e}^{\mathrm{i}\omega a_0^\dagger a_0 t} a_0 \mathrm{e}^{-\mathrm{i}\omega a_0^\dagger a_0 t} \mathrm{e}^{-\mathrm{i}\left(\eta^* a_0^\dagger + \eta a_0\right)} \\
&= \mathrm{e}^{\mathrm{i}\left(\eta^* a_0^\dagger + \eta a_0\right)} a_0 \mathrm{e}^{-\mathrm{i}\omega t} \mathrm{e}^{-\mathrm{i}\left(\eta^* a_0^\dagger + \eta a_0\right)} \\
&= \mathrm{e}^{-\mathrm{i}\omega t}\left[a_0 + \left(\mathrm{i}\eta^* a_0^\dagger, a_0\right)\right] = a_t
\end{aligned}
$$

容易看出 $S^{-1}(t) = S^\dagger(t)$, 此称为幺正算符, $\left[a_t, a_t^\dagger\right] = 1$, 即幺正变换保持对易关系不变. 当我们换一个角度来探讨受迫量子振子的初态（记为 $|\psi_0\rangle$）是如何随 $S(t)$

演化的, 就要写下方程

$$\langle\psi_0|\, a_t\, |\psi_0\rangle = \langle\psi_0|\, S(t)a_0 S^{-1}(t)\, |\psi_0\rangle$$

所以 $S^{-1}(t)$ 也是一个将 $|\psi_0\rangle$ 演化到 $|\psi_t\rangle$ 的算符 (称 $S^{-1}(t)$ 为时间演化算符, 它勉强对应经典力学中的作用量):

$$S^{-1}(t)\, |\psi_0\rangle = |\psi_t\rangle$$

为了建立态的演化方程, 由 ( ) 得

$$
\begin{aligned}
\mathrm{i}\frac{\partial}{\partial t}S^{-1}(t) &= \mathrm{i}\frac{\partial}{\partial t}\left[\mathrm{e}^{-\mathrm{i}\omega a_0^\dagger a_0 t}\mathrm{e}^{-\mathrm{i}\left(\eta^* a_0^\dagger + \eta a_0\right)}\right]\\
&= \omega a_0^\dagger a_0 S^{-1}(t) + \mathrm{e}^{-\mathrm{i}\omega a_0^\dagger a_0 t}\frac{\mathrm{d}\left(\eta^* a_0^\dagger + \eta a_0\right)}{\mathrm{d}t}\mathrm{e}^{-\mathrm{i}\left(\eta^* a_0^\dagger + \eta a_0\right)}\\
&= \omega a_0^\dagger a_0 S^{-1}(t) + \mathrm{e}^{-\mathrm{i}\omega a_0^\dagger a_0 t}\left[f^*(t)\,\mathrm{e}^{\mathrm{i}\omega t}a_0^\dagger + f(t)\,\mathrm{e}^{-\mathrm{i}\omega t}a_0\right]\mathrm{e}^{-\mathrm{i}\left(\eta^* a_0^\dagger + \eta a_0\right)}\\
&= \omega a_0^\dagger a_0 S^{-1}(t) + \left[f^*(t)\,a_0^\dagger + f(t)\,a_0\right]S^{-1}(t)\\
&= HS^{-1}(t)
\end{aligned}
$$

两边作用于 $|\psi_0\rangle$ 得到

$$\mathrm{i}\frac{\partial}{\partial t}S^{-1}(t)\, |\psi_0\rangle = \left[\omega a_0^\dagger a_0 + f(t)\,a_0 + a_0^\dagger f^*(t)\right]S^{-1}\, |\psi_0\rangle$$

将此方程两边的 a_0 写作 a, 即得

$$\mathrm{i}\frac{\partial}{\partial t}\, |\psi_t\rangle = H\, |\psi_t\rangle$$

这就是薛定谔方程. 从这个例子看, 海森伯方程与薛定谔方程其实是一回事.

推而广之, 上式中的 H 可以是任意哈密顿量, $\mathrm{i}\frac{\partial}{\partial t}$ 被称为薛定谔算符, 它对应

$$\mathrm{i}\frac{\partial}{\partial t} \to H$$

注意, 当我们研究场算符 $|\psi\rangle\langle\psi|$ 的演化时, 用的也是海森伯方程, $|\,\rangle\langle\,|$ 也被称为密度算符.

第 4 章　结合薛定谔算符与海森伯方程求能级

传统的求量子系统能级是求解薛定谔方程, 即求解本征值和本征态问题, 而很少用海森伯方程. 本章我们将薛定谔算符 $\mathrm{i}\dfrac{\mathrm{d}}{\mathrm{d}t}$ 与海森伯方程相结合, 提出 "不变本征算符" (invariant eigen-operator, 简写为 IEO) 的概念和相应的求法. 这一方法是从海森伯创建矩阵力学的思想出发, 关注能级的跃迁 (间隙), 同时结合薛定谔算符的物理意义, 把本征态的思想推广到"不变本征算符"的概念, 从而使得海森伯方程的用途更加广泛, 在求若干量子体现的能级时更加方便.

4.1　不变本征算符方法

对于给定的哈密顿量, 如果我们能找到某个算符 $\hat{O}_{\mathrm{e}}$ 使得

$$\left(\mathrm{i}\frac{\mathrm{d}}{\mathrm{d}t}\right)^{n}\hat{O}_{\mathrm{e}} = \lambda\hat{O}_{\mathrm{e}} \tag{4.1}$$

根据海森伯方程, 得

$$\left(\mathrm{i}\frac{\mathrm{d}}{\mathrm{d}t}\right)^{n}\hat{O}_{\mathrm{e}} = \left[\cdots\left[\left[\hat{O}_{\mathrm{e}},\hat{H}\right],\hat{H}\right]\cdots,\hat{H}\right] = \lambda\hat{O}_{\mathrm{e}} \tag{4.2}$$

鉴于 $\mathrm{i}\dfrac{\mathrm{d}}{\mathrm{d}t} \longleftrightarrow \hat{H}, (\hbar = 1)$, 所以 $\sqrt[n]{\lambda}$ 是 $\hat{H}$ 的能隙. 满足式 (4.2) 的算符 $\hat{O}_{\mathrm{e}}$ 就称为是不变本征算符, 意指它在 $\left(\mathrm{i}\dfrac{\mathrm{d}}{\mathrm{d}t}\right)^{n}$ 的作用下保持形式不变. 为了更清楚地说明这一点, 在式 (4.2) 中取 $n = 2$, 设 $|\psi_{\mathrm{a}}\rangle$ 和 $|\psi_{\mathrm{b}}\rangle$ 是两个相紧邻居的本征态, 本征值分别是 E_{a} 和 E_{b}, 则有

$$
\begin{aligned}
\langle\psi_{\mathrm{a}}|\left(\mathrm{i}\frac{\mathrm{d}}{\mathrm{d}t}\right)^{2}\hat{O}_{\mathrm{e}}|\psi_{\mathrm{b}}\rangle &= \langle\psi_{\mathrm{a}}|\left[\left[\hat{O}_{\mathrm{e}},\hat{H}\right],\hat{H}\right]|\psi_{\mathrm{b}}\rangle \\
&= (E_{\mathrm{b}} - E_{\mathrm{a}})^{2}\langle\psi_{\mathrm{a}}|\hat{O}_{\mathrm{e}}|\psi_{\mathrm{b}}\rangle \\
&= \lambda\langle\psi_{\mathrm{a}}|\hat{O}_{\mathrm{e}}|\psi_{\mathrm{b}}\rangle
\end{aligned} \tag{4.3}
$$

只要 $\langle \psi_a | \hat{O}_e | \psi_b \rangle$ 不为零, $|\psi_a\rangle$ 与 $|\psi_b\rangle$ 的能隙就是 $|E_a - E_b| = \sqrt{\lambda}$, 而不需要去解薛定谔方程. 由此可见不变本征算符方法的有效与简捷.

例如, 对于简并参量放大器的哈密顿

$$H = \omega a^\dagger a + i\lambda \left(a^2 - a^{\dagger 2}\right) \tag{4.4}$$

我们发现 $a^\dagger + a$ 是不变本征算符, 即从

$$i\frac{d}{dt}\left(a^\dagger + a\right) = [a^\dagger + a, H] = \omega\left(a - a^\dagger\right) - i2\lambda\left(a^\dagger + a\right) \tag{4.5}$$

和

$$i\frac{d}{dt}\left(a - a^\dagger\right) = \omega\left(a^\dagger + a\right) - i2\lambda\left(a^\dagger - a\right) \tag{4.6}$$

导出

$$\begin{aligned}
\left(i\frac{d}{dt}\right)^2\left(a^\dagger + a\right) &= i\frac{d}{dt}\left[\omega\left(a - a^\dagger\right) - i2\lambda\left(a^\dagger + a\right)\right] \\
&= \left(\omega^2 - 4\lambda^2\right)\left(a^\dagger + a\right)
\end{aligned} \tag{4.7}$$

根据式 (4.3), 我们可见能级间隔为 $\sqrt{\omega^2 - 4\lambda^2}$.

4.2　不变本征算符方法解格点链哈密顿

晶格动力学是固体物理的理论基础, 传统方法是解格波方程. 实际上, 原子晶格的能谱 (或振动模式、能带) 可以用不变本征算符方法简捷求得. 以 N 个原子 (N 可以趋于无穷) 组成的一维线性原子链为例, 质量为 m 的一个原子被一个弹簧 (劲度系数为 β, 遵从虎克 (Hooke) 定理) 束缚于其相邻原子, 第 N 个原子被连接到第一个原子 (即看作为第 $N+1$ 个原子, 链被弯折为一个环, 当此环的半径趋于无穷大时, 每一个原子所处的环境相同, 此谓周期性边界条件). 记原子间距为 a, 第 l 个原子的位置偏离为 u_l, 系统的势能为

$$V = \sum_{l=1}^{N} \frac{1}{2}\beta\left(u_{l+1} - u_l\right)^2 \tag{4.8}$$

经典的做法是, 对第 l 个原子用牛顿方程

$$m\frac{d^2 u_l}{dt^2} = \beta\left[\left(u_{l+1} - u_l\right) + \left(u_{l-1} - u_l\right)\right] \tag{4.9}$$

设 u_l 的解为

$$u_l = B \exp\left[\mathrm{i}\left(kla - \omega t\right)\right] \tag{4.10}$$

B 待定, 将它代入式 (4.9) 得

$$-mB\omega^2 \exp\left[\mathrm{i}\left(kla - \omega t\right)\right] = \beta B \left[\exp\left(\mathrm{i}ka\right) + \exp\left(-\mathrm{i}ka\right) - 2\right] \exp\left[\mathrm{i}\left(kla - \omega t\right)\right] \tag{4.11}$$

就有

$$\omega^2 = 2\frac{\beta}{m}\left[1 - \cos ka\right] \tag{4.12}$$

这被称为色散关系, 表明振动的周期是 $k = 2\pi/a$.

经过量子化后的哈密顿量

$$H_{\mathrm{ring}} = \frac{1}{2m}\sum_{l=1}^{N} P_l^2 + \frac{\beta}{2}\sum_{l=1}^{N-1}\left(q_l - q_{l-1}\right)^2 + \frac{\beta}{2}\left(q_N - q_1\right)^2 \tag{4.13}$$

其中, $[q_l, P_{l'}] = \mathrm{i}\hbar\delta_{ll'}$. 用不变本征算符方法求解 H_{ring} 的振动谱.

为便利起见, 将 H_{ring} 写为

$$H_{\mathrm{ring}} = \frac{1}{2m}\sum_{l=1}^{N} P_l^2 + \frac{\beta}{2}\sum_{l=1}^{N}\left(q_l - q_{l-1}\right)^2 \tag{4.14}$$

注意周期性边界条件体现在

$$P_{N+l} = P_l, \quad q_{N+l} = q_l \quad (l \in \mathbf{Z}(\text{整数})) \tag{4.15}$$

这样一来, 可以避免边界效应所引起的复杂性, 每一个原子所处的环境是全同的. 引入一个新算符

$$F_l = \sum_{j=1}^{N} P_j \cos j\theta_l \tag{4.16}$$

其中

$$\theta_l = \frac{2\pi}{N}\left(l - 1\right) \quad (l = 1, 2, 3, \cdots, N) \tag{4.17}$$

那么由于

$$[P_j, H_{\mathrm{ring}}] = \mathrm{i}\beta\hbar\left(q_{j+1} + q_{j-1} - 2q_j\right) \tag{4.18}$$

以及周期性质我们得到

$$\mathrm{i}\frac{\mathrm{d}}{\mathrm{d}t}F_l = [F_l, H_{\mathrm{ring}}] = -\mathrm{i}\beta\hbar\sum_{j=1}^{N} q_j \left[2\cos j\theta_l - \cos\left(j+1\right)\theta_l - \cos\left(j-1\right)\theta_l\right]$$

$$= -4\mathrm{i}\beta\hbar \sum_{j=1}^{N} q_j \sin^2 \frac{\theta_l}{2} \cos j\theta_l$$

$$= -2\mathrm{i}\beta\hbar \left(1 - \cos\theta_l\right) \sum_{j=1}^{N} q_j \cos j\theta_l \tag{4.19}$$

再从

$$[q_j, H_{\mathrm{ring}}] = \frac{\mathrm{i}\hbar}{m} P_j \tag{4.20}$$

及式（4.19）导出

$$\left(\mathrm{i}\frac{\mathrm{d}}{\mathrm{d}t}\right)^2 F_l = [[F_l, H_{\mathrm{ring}}], H_{\mathrm{ring}}] \tag{4.21}$$

$$= -2\mathrm{i}\beta\hbar \left(1 - \cos\theta_l\right) \left[\sum_{j=1}^{N} q_j \cos j\theta_l, H_{\mathrm{ring}}\right]$$

$$= \frac{2\beta\hbar^2}{m} \left(1 - \cos\theta_l\right) F_l \tag{4.22}$$

这说明 F_l 是 H_{ring} 的不变本征算符, 能级间隔是 $\hbar\sqrt{\frac{2\beta}{m}\left(1 - \cos\theta_l\right)}$, 相应的振动谱是 $\Omega_l = \sqrt{\frac{2\beta}{m}\left(1 - \cos\theta_l\right)}$, 这与式（4.12）的结果相同, 只要 $\theta_l \Leftrightarrow ka$. 当 $\theta_1 = 0$, $\Omega_1 = 0$, 这是零模. 当 $N = 3$, $\theta_{l=2} = \frac{2}{3}\pi$, $\Omega_2 = \sqrt{\frac{3\beta}{m}}$; $\theta_{l=3} = \frac{4}{3}\pi$, $\Omega_3 = \sqrt{\frac{3\beta}{m}}$.

以上讨论的势能项只包含最近邻相互作用, 当计入 r-近邻相互作用, 相应的耦合常数是 β_r, 总哈密顿量

$$H = \frac{1}{2m} \sum_{l=1}^{N} P_l^2 + \sum_r V_r \tag{4.23}$$

势能项是

$$V_r = \frac{\beta_r}{2} \sum_{l=1}^{N} (q_l - q_{l+r})^2 \tag{4.24}$$

表示一个原子与原子环中的任意其他原子有作用, r 可取正或负值, β_r 是 r 的函数, 一般而言, 最近邻时 β_r 大, 下一个次近邻就变小, 随着 r 绝对值的增大而迅速减小. 易见

$$[P_l, H] = \sum_{r>0} [-2\mathrm{i}\beta_r q_l + \mathrm{i}\beta_r (q_{l+r} + q_{l-r})] \tag{4.25}$$

于是按照式（4.19）和式（4.21）的步骤可得

$$\left(\mathrm{i}\frac{\mathrm{d}}{\mathrm{d}t}\right)^2 F_l = [[F_l, H], H] = \frac{2\hbar^2}{m} \sum_{r>0} \beta_r \left(1 - \cos r\theta_l\right) F_l \tag{4.26}$$

所以能级间隔是 $\hbar \left[\dfrac{2}{m} \displaystyle\sum_{r>0} \beta_r \left(1 - \cos r\theta_l\right) \right]^{1/2}$.

4.3　奇异谐振子模型的能隙

奇异谐振子哈密顿量为

$$H = \frac{P^2}{2m} + \frac{m\omega^2}{2}X^2 + \frac{g}{X^2} \tag{4.27}$$

其中, g 为实参数. 此系统除了普通的谐振子位势以外, 还存在一个奇异位势项. 考虑到 (令 $\hbar = 1$)

$$a = \frac{1}{2}\left(\sqrt{m\omega}X + \mathrm{i}\frac{P}{\sqrt{m\omega}}\right), \quad a^\dagger = \frac{1}{2}\left(\sqrt{m\omega}X - \mathrm{i}\frac{P}{\sqrt{m\omega}}\right)$$

则前式变为

$$H = \omega\left(a^\dagger a + \frac{1}{2}\right)\omega + \frac{g}{X^2}$$

在普通的谐振子位势以外, 还存在一个奇异位势项. 为了找到该哈密顿量的不变本征算符, 不妨作如下的试探性计算

$$\left[a^2, \frac{g}{X^2}\right] = \frac{-g}{2m\omega}\left[P^2, \frac{1}{X^2}\right] + \mathrm{i}gx\left[P, \frac{1}{X^2}\right]$$
$$= \frac{\mathrm{i}g}{m\omega}\left(P\frac{1}{X^3} + \frac{1}{X^3}P\right) - 2g\frac{1}{X^2}$$

以及

$$\left[a^{\dagger 2}, \frac{g}{X^2}\right] = \frac{\mathrm{i}g}{m\omega}\left(P\frac{1}{X^3} + \frac{1}{X^3}P\right) + 2g\frac{1}{X^2}$$

和

$$\left[a^\dagger a, \frac{g}{X^2}\right] = -\frac{\mathrm{i}g}{m\omega}\left(P\frac{1}{X^3} + \frac{1}{X^3}P\right)$$

这样看来, 令

$$A = a^2 - \frac{g}{\omega}\frac{1}{X^2}, \quad A^\dagger = a^{\dagger 2} - \frac{g}{\omega}\frac{1}{X^2}$$

则

$$[A, A^\dagger] = [a^2, a^{\dagger 2}] - \left[a^2, \frac{g}{X^2}\right] + \left[a^{\dagger 2}, \frac{g}{X^2}\right] = \frac{4}{\omega}H$$

以及

$$[A, H] = \left[a^2 - \frac{g}{\omega}\frac{1}{X^2}, \omega\left(a^\dagger a + \frac{1}{2}\right)\omega + \frac{g}{X^2}\right] = 2\omega A$$

和

$$[A^{\dagger}, H] = -2\omega A^{\dagger}$$

根据 IEO 理论, 从以上两式可以看出 $A^{\dagger}$ 与 A 都是哈密顿量 H 的一阶不变本征算符, 所以奇异谐振子模型哈密顿量的能谱间隙为 $\Delta E = 2\omega$.

以上讨论说明, 兼顾到薛定谔方程和海森伯方程之后立时就有海阔天空的创新之感.

第5章　经典正则变换对应量子幺正算符——玻尔对应原理新补

尼尔斯·玻尔在他 1917 年发表的论文《论线光谱的量子论》中，提出了量子理论和经典理论之间的一种"对应关系"："在大量子数的极限下，在量子的统计结果和经典辐射理论之间得到一种联系的可能性."

玻尔的思想也可表述为"在普朗克常数趋于零的情况下，量子力学会归结为经典力学".

这要求研究人员在建立量子物理学的新定律时应该考虑：在过渡到经典极限时，量子力学的定律作为平均结果应导致经典方程.

玻尔把量子理论和经典理论之间的这种"对应关系"称为"对应原理"，他揭示了在不同层次的科学理论之间的一种关系.

后来（1925 年）狄拉克阅读了海森伯关于新量子论的开创性论文，在悠闲地散步时突然想到此论文中的不可对易的代数可以类比经典力学的泊松括号，这应该是"对应原理"的另一种表现，一念及此，狄拉克很兴奋，马上赶回学校图书馆想找有关哈密顿分析力学的书来看，可惜那时图书馆已经关门. 狄拉克说他为此激动不已，"度过了一个不安的夜晚". 后来，当他已经成为人们心目中的量子力学创始人之一后，对于阿卜杜拉–萨拉姆（巴基斯坦诺贝尔奖得主）的问题："您认为什么是您对物理学最大的贡献？" 他回答道："是泊松括号与量子力学的对易括号的对应."这个答案很意外，因为萨拉姆原以为狄拉克的答案会是关于电子的相对论方程. 可见，狄拉克很重视对应原理.

狄拉克说，变换是理论物理的精华. 他曾写道："...for a quantum dynamic system that has a classical analogue, unitary transformation in the quantum theory is the analogue of contact transformation in the classical theory." 鉴于此，我们对玻尔对应原理有个新的补充，那就是，既然泊松括号与量子力学的对易括号对应，

那么经典力学的正则变换如何直接对应到量子幺正变换呢?

我们可以利用有序算符内的积分方法达到目的, 将不对称的 ket-bra 态矢量直接积分推导出量子幺正变换算符, 而不对称因子反映的是经典的变换, 如压缩变换、置换、转动变换等. 就这样, 我们给玻尔的数值对应原理知识作了一个新补充, 或是说附加的注解.

5.1 宇 称 算 符

我们首先将狄拉克对称的 ket-bra 算符推广到不对称情形, 作为示例构造如下坐标表象的积分

$$U_1 = \int_{-\infty}^{+\infty} \mathrm{d}x \, |x\rangle \langle -x| \tag{5.1}$$

看是否能使原有的狄拉克表象理论更实用、更完美. 现将式（1.22）代入式（5.1）, 得到

$$U_1 = \int_{-\infty}^{\infty} \frac{\mathrm{d}x}{\sqrt{\pi}} \mathrm{e}^{-\frac{x^2}{2} + \sqrt{2}xa^\dagger - \frac{a^{\dagger 2}}{2}} |0\rangle \langle 0| \mathrm{e}^{-\frac{x^2}{2} - \sqrt{2}xa - \frac{a^2}{2}} \tag{5.2}$$

再把 $|0\rangle \langle 0| =: \mathrm{e}^{-a^\dagger a}:$ 代入, 得

$$U_1 = \int_{-\infty}^{\infty} \frac{\mathrm{d}x}{\sqrt{\pi}} \mathrm{e}^{-\frac{x^2}{2} + \sqrt{2}xa^\dagger - \frac{a^{\dagger 2}}{2}} : \mathrm{e}^{-a^\dagger a} : \mathrm{e}^{-\frac{x^2}{2} - \sqrt{2}xa - \frac{a^2}{2}} \tag{5.3}$$

可以看到, 在 $:\mathrm{e}^{-a^\dagger a}:$ 的左边全是产生算符函数, 右边全是湮灭算符函数. 所以整个被积的算符函数已经是正规乘积形式, 所以可将左边的 : 移到第一个 exp 函数前, 将右边的 : 移到第三个 exp 函数后, 根据在 : : 内所有玻色子算符相互对易的性质, 就可以将 3 个 exp 函数进行指数上的普通加法. 于是式（5.3）可写成

$$U_1 = \pi^{-1/2} \int_{-\infty}^{\infty} \mathrm{d}x : \mathrm{e}^{-x^2 + \sqrt{2}x(a^\dagger - a) - \frac{a^{\dagger 2}}{2} - a^\dagger a - \frac{a^2}{2}} : \tag{5.4}$$

现在 : : 内 a 和 $a^\dagger$ 是对易的, 可被视为普通积分参数, 做高斯积分得

$$U_1 =: \mathrm{e}^{\frac{(a^\dagger - a)^2}{2} - \frac{(a^\dagger + a)^2}{2}} : =: \mathrm{e}^{-2a^\dagger a} : \tag{5.5}$$

若要去掉式（5.5）中的记号 : : , 在算符恒等式

$$\mathrm{e}^{\lambda a a^\dagger} =: \mathrm{e}^{(\mathrm{e}^\lambda - 1)a^\dagger a} :$$

中取 $\mathrm{e}^{\lambda} = -1$, 即 $\lambda = \mathrm{i}\pi$, 所以有

$$U_1 = \mathrm{e}^{\mathrm{i}\pi a^{\dagger} a} = (-1)^N \quad (N = a^{\dagger} a) \tag{5.6}$$

这样就实现了不对称的投影算符积分, 在坐标表象下得到称为宇称算符 U_1 的显式. 这是因为

$$(-1)^N |x\rangle = |-x\rangle \tag{5.7}$$

就是空间的反演变换 $|x\rangle \to |-x\rangle$, 另外

$$(-1)^N a (-1)^N = -a, \quad (-1)^N a^{\dagger} (-1)^N = -a^{\dagger}, \quad (-1)^N X (-1)^N = -X \tag{5.8}$$

类似地, 用狄拉克的动量本征态也构造出宇称算符,

$$U_1 = \int_{-\infty}^{+\infty} \mathrm{d}p \, |p\rangle \langle -p| = \mathrm{e}^{\mathrm{i}\pi a^{\dagger} a} = (-1)^N \tag{5.9}$$

以及

$$(-1)^N |p\rangle = |-p\rangle, \quad (-1)^N P (-1)^N = -P \tag{5.10}$$

在相干态表象

$$(-1)^N = \int \frac{\mathrm{d}^2 z}{\pi} |-z\rangle \langle z|$$

5.2　坐标–动量互换算符

用坐标态 $|x\rangle$ 和动量态 $\langle p|$ 我们构造如下积分:

$$U_2 = \int_{-\infty}^{+\infty} \mathrm{d}x \, |x\rangle \langle p| \big|_{p=x} \tag{5.11}$$

$$= \int_{-\infty}^{\infty} \mathrm{d}x \, \mathrm{e}^{-\frac{x^2}{2} + \sqrt{2} x a^{\dagger} - \frac{a^{\dagger 2}}{2} - a^{\dagger} a - \frac{x^2}{2} - \sqrt{2} \mathrm{i} x a + \frac{a^2}{2}} : \tag{5.12}$$

$$= \frac{1}{\sqrt{\pi}} \int_{-\infty}^{+\infty} \mathrm{d}x : \mathrm{e}^{-x^2 + \sqrt{2}(a^{\dagger} - \mathrm{i}a)x + \frac{1}{2}(a^2 - a^{\dagger 2}) - a^{\dagger} a} :$$

$$= : \mathrm{e}^{-(\mathrm{i}+1)a^{\dagger} a} :$$

$$= \mathrm{e}^{-\mathrm{i}\frac{\pi}{2} N}$$

这样可以得到 $|x\rangle$ 与 $|p\rangle$ 之间相互变换,

$$\mathrm{e}^{-\mathrm{i}\frac{\pi}{2} N} |x\rangle = |p\rangle \big|_{p=x}, \quad \mathrm{e}^{-\mathrm{i}\frac{\pi}{2} N} |p\rangle = |-x\rangle \big|_{x=p} \tag{5.13}$$

以及

$$e^{i\frac{\pi}{2}N}\hat{X}e^{-i\frac{\pi}{2}N} = P, \quad e^{i\frac{\pi}{2}N}Pe^{-i\frac{\pi}{2}N} = -X \tag{5.14}$$

5.3　单模压缩算符

在看到 $\int_{-\infty}^{\infty} dx\, |x\rangle\langle x| = 1$ 以后, 考虑尺度变换, 让 $x \to \dfrac{x}{\mu}$, 构造坐标表象内的积分

$$\int_{-\infty}^{\infty} \frac{dx}{\sqrt{\mu}} \left| \frac{x}{\mu} \right\rangle \langle x| \equiv S_1 \tag{5.15}$$

$\mu = e^{\sigma}$ 是实数. 用正规乘积排序内的积分法施行其积分, 可以看出

$$S_1 = \frac{1}{\sqrt{\pi}} \int_{-\infty}^{\infty} \frac{dx}{\sqrt{\mu}} e^{-\frac{x^2}{2\mu^2} + \sqrt{2}\frac{x}{\mu}a^\dagger - \frac{a^{\dagger 2}}{2}} : e^{-a^\dagger a} : e^{\frac{-x^2}{2} + \sqrt{2}xa - \frac{a^2}{2}} \tag{5.16}$$

在 $: e^{-a^\dagger a} :$ 的左边全是产生算符函数, 右边全是湮灭算符函数. 所以整个被积的算符函数已经是正规乘积形式, 所以可将左边的 : 移到第一个 exp 函数前, 将右边的 : 移到第三个 exp 函数后. 根据在 : : 内所有玻色子算符相互对易, 就可以将 3 个 exp 函数进行指数上的普通加法. 于是

$$S_1 = \int_{-\infty}^{\infty} \frac{dx}{\sqrt{\pi\mu}} : \exp\left[-\frac{x^2}{2}\frac{\mu^2+1}{\mu^2} + \sqrt{2}x\left(\frac{a^\dagger}{\mu} + a \right) - a^\dagger a - \frac{a^{\dagger 2} + a^2}{2} \right] :$$

$$= \sqrt{\frac{2}{\mu^2+1}} : \exp\left[\frac{\mu^2}{\mu^2+1}\left(\frac{a^\dagger}{\mu} + a \right)^2 - a^\dagger a - \frac{a^{\dagger 2} - a^2}{2} \right] :$$

$$= \sqrt{\frac{2}{\mu^2+1}} \exp\left(\frac{a^{\dagger 2}}{2} \cdot \frac{1-\mu^2}{1+\mu^2} \right) : \exp\left[\left(\frac{2\mu}{\mu^2+1} - 1 \right) a^\dagger a \right] :$$

$$\times \exp\left(\frac{a^2}{2} \cdot \frac{\mu^2-1}{1+\mu^2} \right)$$

$$=: \mathrm{sech}^{1/2}\sigma \exp\left(-\frac{a^{\dagger 2}}{2}\tanh\sigma \right) \exp\left[a^\dagger a\left(\mathrm{sech}\,\sigma - 1 \right) \right] \exp\left(\frac{a^2}{2}\tanh\sigma \right) : \tag{5.17}$$

进而用 $e^{\lambda a^\dagger a} =: e^{(e^\lambda - 1)a^\dagger a} :$, 使它变为

$$S_1 = e^{-\frac{a^{\dagger 2}}{2}\tanh\sigma} e^{\left(a^\dagger a + \frac{1}{2} \right)\ln\mathrm{sech}\,\sigma} e^{\frac{a^2}{2}\tanh\sigma} \tag{5.18}$$

这就是压缩算符, 是经典尺度变换 $x \to x/\mu$ 的量子力学映射. 它导致变换

$$S_1 a S_1^{-1} = a \cosh \lambda + a^\dagger \sinh \lambda \tag{5.19}$$

而

$$S_1 |0\rangle = \sqrt{\operatorname{sech} \lambda} \, \mathrm{e}^{-\frac{a^\dagger}{2} \tanh \lambda} |0\rangle \tag{5.20}$$

是一个单模压缩态. 压缩光场在量子通信和量子检测中有广泛的应用, 因为处于压缩态时场的一个正交分量的量子噪声可以低于相干态的噪声. S_1 中所含的三个算符满足封闭李代数

$$\left. \begin{aligned} \left[\frac{a^\dagger}{2}, \frac{a^2}{2} \right] &= a^\dagger a + \frac{1}{2} \\ \left[\frac{a^2}{2}, a^\dagger a + \frac{1}{2} \right] &= \frac{a^2}{2} \\ \left[\frac{a^{\dagger 2}}{2}, a^\dagger a + \frac{1}{2} \right] &= -\frac{a^{\dagger 2}}{2} \end{aligned} \right\} \tag{5.21}$$

压缩真空态是

$$S_1 |0\rangle = \operatorname{sech}^{1/2} \sigma \, \mathrm{e}^{-\frac{a^{\dagger 2}}{2} \tanh \sigma} |0\rangle \tag{5.22}$$

5.4 活动墙无穷深势阱中粒子的薛定谔方程和相应的幺正变换

一个粒子被束缚在两堵活动墙 $x = W_L(t)$ 和 $x = W_R(t)$ 之间 (图 5.1), 薛定谔方程为

$$\mathrm{i} \frac{\partial}{\partial t} |\psi\rangle = H_0 (X, P) |\psi\rangle \tag{5.23}$$

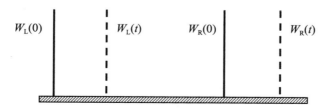

图 5.1

因为是无穷深势阱, 波函数在边界消失,

$$\psi\left(x = W_{\mathrm{L}}(t)\right) = \psi\left(x = W_{\mathrm{R}}(t)\right) = 0 \tag{5.24}$$

故归一化条件是

$$\int_{x=W_{\mathrm{L}}(t)}^{x=W_{\mathrm{R}}(t)} |\psi\left(x, t\right)|^2 \mathrm{d}x = 1 \tag{5.25}$$

此条件不随时间变化. 变化的是两个活动边界之间的距离

$$W_{\mathrm{R}}(t) - W_{\mathrm{L}}(t) \equiv W(t) \tag{5.26}$$

此距离是变量, 我们的目标是将移动边界值 $x = W_{\mathrm{L,R}}(t)$ 转化为固定值 $\bar{x} = W_{\mathrm{L,R}}(0)$, 其代价是哈密顿量变成了一个适当的含时的哈密顿量, 那么如何求出它呢?

为此引入

$$\mu\left(t\right) = \frac{W(0)}{W(t)}, \quad \mu\left(0\right) = 1 \tag{5.27}$$

表示初始时刻两壁之间的距离与 t 时刻两壁之间的距离之比值, 代表边界活动引起的空间压缩量. 由于边界活动, 粒子的位置表达为

$$\bar{x} = [x - W_{\mathrm{L}}(t)]\frac{W(0)}{W(t)} + W_{\mathrm{L}}(0) = \mu\left(t\right)x + \lambda\left(t\right) \tag{5.28}$$

这里定义了

$$\lambda\left(t\right) = W_{\mathrm{L}}(0) - \frac{W(0)}{W(t)}W_{\mathrm{L}}(t) = \mu\left(0\right)W_{\mathrm{L}}(0) - \mu\left(t\right)W_{\mathrm{L}}(t) \tag{5.29}$$

它也等于

$$\lambda\left(t\right) = \mu\left(0\right)W_{\mathrm{R}}(0) - \mu\left(t\right)W_{\mathrm{R}}(t) \tag{5.30}$$

即从左墙和右墙计算是一样的.

证明
$$\begin{aligned}
\lambda\left(t\right) &= \frac{W(t)W_{\mathrm{L}}(0) - W(0)W_{\mathrm{L}}(t)}{W(t)} \\
&= \frac{[W_{\mathrm{R}}(t) - W_{\mathrm{L}}(t)]W_{\mathrm{L}}(0) - [W_{\mathrm{R}}(0) - W_{\mathrm{L}}(0)]W_{\mathrm{L}}(t)}{W(t)} \\
&= \frac{W_{\mathrm{R}}(t)W_{\mathrm{L}}(0) - W_{\mathrm{R}}(0)W_{\mathrm{L}}(t)}{W(t)}
\end{aligned} \tag{5.31}$$

而

$$\lambda\left(t\right) = \mu\left(0\right)W_{\mathrm{R}}(0) - \mu\left(t\right)W_{\mathrm{R}}(t)$$

$$= \frac{W(t)W_{\mathrm{R}}(0) - W(0)W_{\mathrm{R}}(t)}{W(t)}$$

$$= \frac{\left[W_{\mathrm{R}}(t) - W_{\mathrm{L}}(t)\right]W_{\mathrm{R}}(0) - \left[W_{\mathrm{R}}(0) - W_{\mathrm{L}}(0)\right]W_{\mathrm{R}}(t)}{W(t)}$$

$$= \frac{W_{\mathrm{L}}(0)W_{\mathrm{R}}(t) - W_{\mathrm{L}}(t)W_{\mathrm{R}}(0)}{W(t)} \tag{5.32}$$

证毕.

对于边界 $x = W_{\mathrm{L}}(t)$ 和 $x = W_{\mathrm{R}}(t)$, 使得相应的 $\bar{x}$ 分别变成

$$\bar{x} = W_{\mathrm{L}}(0), \quad \bar{x} = W_{\mathrm{R}}(0) \tag{5.33}$$

通过积分变换, 归一化条件变为

$$\frac{1}{\mu(t)} \int_{\bar{x}=W_{\mathrm{L}}(0)}^{\bar{x}=W_{\mathrm{R}}(0)} \left|\psi\left(\frac{\bar{x} - \lambda(t)}{\mu(t)}, (t)\right)\right|^2 \mathrm{d}\bar{x} = 1 \tag{5.34}$$

$\bar{x}$ 量子化为 $\bar{X}(t)$ 后, 相应的动量为

$$\left[\bar{X}(t), \bar{P}(t)\right] = \mathrm{i} \tag{5.35}$$

这样就将移动边界值 $x = W_{\mathrm{L,R}}(t)$ 转化为固定值 $\bar{x} = W_{\mathrm{L,R}}(0)$, 其代价是哈密顿量变成了一个适当的含时的哈密顿量. 如果存在一个幺正变换 U, 使得

$$U^{\dagger}XU = \mu(t)X + \lambda(t), \quad U^{\dagger}PU = \frac{P}{\mu(t)} \tag{5.36}$$

而

$$|\phi\rangle = U|\psi\rangle \tag{5.37}$$

那么

$$\begin{aligned}
\mathrm{i}\frac{\partial}{\partial t}|\phi\rangle &= \mathrm{i}\frac{\partial U}{\partial t}|\psi\rangle + \mathrm{i}U\frac{\partial}{\partial t}|\psi\rangle \\
&= \mathrm{i}\frac{\partial U}{\partial t}U^{\dagger}|\phi\rangle + UH_0(X,P)|\psi\rangle \\
&= \mathrm{i}\frac{\partial U}{\partial t}U^{\dagger}|\phi\rangle + \left[UH_0(X,P)U^{\dagger}\right]U|\psi\rangle \\
&= \mathrm{i}\frac{\partial U}{\partial t}U^{\dagger} + \bar{H}_0(X,P)|\phi\rangle
\end{aligned} \tag{5.38}$$

其中

$$\bar{H}_0(X,P) = UH_0(X,P)U \tag{5.39}$$

与标准的薛定谔方程 $\mathrm{i}\frac{\partial}{\partial t}|\phi\rangle = H(t)|\phi\rangle$ 比较, 就得到含时的哈密顿量

$$H(t) = \bar{H}_0(X, P) + \mathrm{i}\frac{\partial U}{\partial t}U^\dagger \tag{5.40}$$

因此必须知道 $\dfrac{\partial U}{\partial t}$, 让

$$U = C\int_{-\infty}^{\infty} \mathrm{d}x\,|\bar{x}(t)\rangle\langle x| \tag{5.41}$$

其中 C 待定, 由

$$
\begin{aligned}
1 = UU^\dagger &= |C|^2\int_{-\infty}^{\infty}\mathrm{d}x\,|\bar{x}(t)\rangle\langle x|\int_{-\infty}^{\infty}\mathrm{d}x'\,|x'\rangle\langle\bar{x}'(t)| \\
&= |C|^2\int_{-\infty}^{\infty}\mathrm{d}x\,|\bar{x}(t)\rangle\langle\bar{x}(t)| \\
&= |C|^2\int_{-\infty}^{\infty}\mathrm{d}x\,|\bar{x}(t)\rangle\langle\bar{x}(t)|\frac{\mathrm{d}\bar{x}}{\mu(t)} \\
&= \frac{|C|^2}{\mu(t)}\sqrt{\mu(t)}\int_{-\infty}^{\infty}\mathrm{d}x\,|\mu(t)x+\lambda(t)\rangle\langle x|
\end{aligned} \tag{5.42}
$$

故而

$$U = \sqrt{\mu(t)}\int_{-\infty}^{\infty}\mathrm{d}x\,|\mu(t)x+\lambda(t)\rangle\langle x| \tag{5.43}$$

由

$$\mathrm{i}\frac{\partial}{\partial t}|x(t)\rangle = x'(t)\,\mathrm{i}\frac{\partial}{\partial x(t)}|x(t)\rangle = x'(t)P|x(t)\rangle \tag{5.44}$$

得到

$$
\begin{aligned}
\mathrm{i}\frac{\partial}{\partial t}|\mu(t)x+\lambda(t)\rangle &= \left(x\dot{\mu}+\dot{\lambda}(t)\right)P|\mu(t)x+\lambda(t)\rangle \\
&= P\left(\frac{\dot{\mu}}{\mu}X - \frac{\dot{\mu}}{\mu}\lambda + \dot{\lambda}\right)|\mu(t)x+\lambda(t)\rangle
\end{aligned} \tag{5.45}
$$

将式 (5.45) 代入式 (5.43) 并对时间求导, 利用式 (5.45), 得到

$$
\begin{aligned}
\mathrm{i}\frac{\partial U}{\partial t} &= \mathrm{i}\frac{\dot{\mu}}{2\mu}U + \sqrt{\mu(t)}\int_{-\infty}^{\infty}\mathrm{d}x\,\mathrm{i}\frac{\partial}{\partial t}|\mu(t)x+\lambda(t)\rangle\langle x| \\
&= \mathrm{i}\frac{\dot{\mu}}{2\mu}U + P\left(\frac{\dot{\mu}}{\mu}X - \frac{\dot{\mu}}{\mu}\lambda + \dot{\lambda}\right)U \\
&= \left[\frac{\dot{\mu}}{2\mu}(XP+PX) + P\left(\dot{\lambda} - \frac{\dot{\mu}}{\mu}\lambda\right)\right]U
\end{aligned} \tag{5.46}
$$

所以

$$\mathrm{i}\frac{\partial U}{\partial t}U^\dagger = \frac{\dot{\mu}}{2\mu}(XP+PX) + P\left(\dot{\lambda} - \frac{\dot{\mu}}{\mu}\lambda\right) \tag{5.47}$$

故而含时的哈密顿量为

$$H(t) = \bar{H}_0(X, P) + \frac{\dot{\mu}}{2\mu}(XP + PX) + \left(\dot{\lambda} - \frac{\dot{\mu}}{\mu}\lambda\right)P$$
$$= H_0\left(\frac{X - \lambda}{\mu}, \mu P\right) + \frac{\dot{\mu}}{2\mu}(XP + PX) + \left(\dot{\lambda} - \frac{\dot{\mu}}{\mu}\lambda\right)P \qquad (5.48)$$

分析：$(XP + PX)/2$ 是压缩算符的生成元，其系数 $\dfrac{\dot{\mu}}{2\mu}$ 代表压缩量，事实上

$$-\frac{\dot{\mu}}{\mu} = \frac{W'}{W} \qquad (5.49)$$

而平移项

$$\left(\dot{\lambda} - \frac{\dot{\mu}}{\mu}\lambda\right)P = \frac{W_{\mathrm{R}}(0)W_{\mathrm{L}}(0)}{W(t)}\left(\frac{W_{\mathrm{R}}'(t)}{W_{\mathrm{R}}(0)} - \frac{W_{\mathrm{L}}'(t)}{W_{\mathrm{L}}(0)}\right)P \qquad (5.50)$$

是由移动边界的速度决定的.

第 6 章　用有序算符内积分方法研究量子扩散与衰减

6.1　$\delta\left(x-X\right)$ 用谐振子的本振函数展开

1900 年普朗克已经预言振子的能量是量子化的, 但直到 1925 年有了薛定谔方程, 在坐标表象中解振子的厄密方程, 才得到其波函数解. 本节我们给出简捷的新解法.

本书前面讲了 $\delta(x)$ 用平面波展开, 体现了波粒二象性. 这里讨论 $\delta(x-X)$ 用谐振子的本振函数展开, 认识到 $|x\rangle\langle x| = \dfrac{1}{\sqrt{\pi}}:\mathrm{e}^{-(x-X)^2}:$ 是正态分布, 我们用厄米特多项式 $H_m(x)$ 的母函数式

$$\mathrm{e}^{2xt-t^2} = \sum_{m=0}^{\infty} \frac{t^m}{n!} H_m(x) \tag{6.1}$$

来展开 $\delta(x-X)$ 的正规乘积形式

$$\delta(x-X) = |x\rangle\langle x| = \frac{1}{\sqrt{\pi}}\mathrm{e}^{-x^2}:\mathrm{e}^{2xX-X^2}: = \mathrm{e}^{-x^2}\sum_{m=0}^{\infty} :\frac{X^m}{m!}:H_m(x)$$

记住在正规乘积内部玻色算符 $a^\dagger$ 与 a 相互对易以及 $a|0\rangle = 0, \langle n|m\rangle = \delta_{nm}$, 从上式给出

$$\begin{aligned}
\langle n|x\rangle\langle x|0\rangle &= \frac{1}{\sqrt{\pi}}\mathrm{e}^{-x^2}\sum_{m=0}\frac{H_m(x)}{m!}\langle n|:\left(\frac{a+a^\dagger}{\sqrt{2}}\right)^m:|0\rangle \\
&= \frac{1}{\sqrt{\pi}}\mathrm{e}^{-x^2}\sum_{m=0}\frac{H_m(x)}{\sqrt{2^m}m!}\langle n|a^{\dagger m}|0\rangle \\
&= \frac{1}{\sqrt{\pi}}\mathrm{e}^{-x^2}\sum_{n=0}\frac{H_m(x)}{\sqrt{2^m}m!}\langle n|m\rangle
\end{aligned}$$

$$= \frac{1}{\sqrt{\pi}} e^{-x^2} \frac{H_n(x)}{\sqrt{2^n n!}} \tag{6.2}$$

上式中, 当 $n = 0$, $H_0(x) = 1$ 时, 得到

$$|\langle x| 0\rangle|^2 = \frac{1}{\sqrt{\pi}} e^{-x^2}$$

即真空态的波函数为

$$\langle x| 0\rangle = \pi^{-1/4} e^{-x^2/2}$$

代回式（6.2）, 可见

$$\langle x| n\rangle = e^{-x^2/2} \frac{H_n(x)}{\sqrt{\sqrt{\pi} 2^n n!}} = \langle n| x\rangle$$

这就是坐标表象中粒子数态波函数–量子谐振子的本征函数.

作为检验, 我们再一次得到

$$|x\rangle = \sum_{n=0}^{\infty} |n\rangle \langle n| x\rangle$$

$$= e^{-x^2/2} \sum_{n=0}^{\infty} |n\rangle \frac{H_n(x)}{\sqrt{\sqrt{\pi} 2^n n!}}$$

$$= \frac{1}{\pi^{1/4}} e^{-\frac{x^2}{2} + \sqrt{2} x a^\dagger - \frac{a^{\dagger 2}}{2}} |0\rangle \tag{6.3}$$

以上推导可以发展出新的算符特殊函数论. 例如, 将特殊函数——厄密多项式 $H_n(x)$ 中的 x 换成坐标算符 X, 则

$$H_n(X) = \int_{-\infty}^{\infty} H_n(x) |x\rangle \langle x| \, \mathrm{d}x$$

$$= \frac{1}{\sqrt{\pi}} \int_{-\infty}^{\infty} H_n(x) : e^{-(x-X)^2} : \mathrm{d}x$$

$$= 2^n : X^n :$$

这说明, 从地球人来看是厄密多项式算符, 在外星人来看则是正规排序的幂级数算符.

6.2　相干态的引入

从 $|0\rangle \langle 0| =: e^{-a^\dagger a}:$ 还可以给出

$$1 =: e^{a^\dagger a - a^\dagger a}:$$

$$= \int \frac{\mathrm{d}^2 z}{\pi} : \mathrm{e}^{-|z|^2 + z a^\dagger + z^* a} \mathrm{e}^{-a^\dagger a} :$$

$$= \int \frac{\mathrm{d}^2 z}{\pi} : \mathrm{e}^{-|z|^2/2 + z a^\dagger} |0\rangle \langle 0| \mathrm{e}^{-|z|^2/2 + z^* a} : \tag{6.4}$$

表明在对 $\mathrm{d}^2 z$ 积分时, 在 $::$ 内部 a 与 $a^\dagger$ 可以被视为积分参量, 这就是正规乘积排序算符内的积分技术. 令

$$D(z) = \mathrm{e}^{z a^\dagger - z^* a}$$

为平移算符. 可见

$$\int \frac{\mathrm{d}^2 z}{\pi} |z\rangle \langle z| = 1, \quad |z\rangle = \mathrm{e}^{-|z|^2/2 + z a^\dagger} |0\rangle = D(z) |0\rangle \tag{6.5}$$

$|z\rangle$ 称为相干态, 对应激光. 计算

$$a |z\rangle = \left[a, \mathrm{e}^{-|z|^2/2 + z a^\dagger} \right] |0\rangle = z |z\rangle$$

此式说明对于 $|z\rangle$ 消灭一个粒子, 其形式不变, 仍为 $|z\rangle$, 这是因为 $|z\rangle$ 是由大量的 $|n\rangle$ 粒子态叠加而成的态. 由于

$$|\langle n | z\rangle|^2 = \mathrm{e}^{-|z|^2} \frac{|z|^{2n}}{n!}$$

说明在相干态中出现 n 个光子的概率是泊松分布. 实验发现, 激光在激发度高的情形下, 其光子统计趋近于泊松分布, 因此相干态是描述激光的量子态. 由 $\langle z| N |z\rangle = |z|^2$, $\langle z| N^2 |z\rangle = |z|^2 + |z|^4$, 可见

$$(\Delta N)^2 = |z|^2, \quad \frac{\Delta N}{\langle N \rangle} = \frac{1}{|z|}$$

表明当平均光子数多 ($|z|$大) 时, 光子数的起伏变小, 接近经典光场. 再计算光场一对互为共轭的正交分量, $X_1 = \frac{1}{2} (a^\dagger + a)$ 和 $X_2 = \frac{1}{2\mathrm{i}} (a - a^\dagger)$, 在相干态中的量子涨落, $[X_1, X_2] = \frac{\mathrm{i}}{2}$, 由

$$\langle z| X_1 |z\rangle = \frac{1}{2} (z + z^*), \quad \langle z| X_2 |z\rangle = \frac{1}{2\mathrm{i}} (z - z^*)$$

$$\langle z| X_1^2 |z\rangle = \frac{1}{4} (z^2 + z^{*2} + 2|z|^2 + 1)$$

$$\langle z| X_2^2 |z\rangle = \frac{1}{4} (z^2 + z^{*2} - 2|z|^2 - 1) \tag{6.6}$$

均方差为

$$(\Delta X_1)^2 = \langle z| X_1^2 |z\rangle - (\langle z| X_1 |z\rangle)^2 = \frac{1}{4}$$

$$(\Delta X_2)^2 = \langle z| X_2^2 |z\rangle - (\langle z| X_2 |z\rangle)^2 = \frac{1}{4} \tag{6.7}$$

于是

$$\Delta X_1 \Delta X_2 = \frac{1}{4}$$

注意到 $X_1 = \frac{1}{\sqrt{2}} X$, $X_2 = \frac{1}{\sqrt{2}} P$, $[X, P] = \mathrm{i}\hbar$, 处于相干态的情形下,

$$\Delta X \Delta P = \frac{\hbar}{2}$$

所以相干态 $|z\rangle$ 是使得坐标-动量不确定关系取极小值的态. 让 $z = \frac{1}{\sqrt{2}}(x + \mathrm{i}p)$, $\langle z| X |z\rangle = x$, $\langle z| P |z\rangle = p$, 在坐标 x-动量 p 相空间中, 代表相干态的不是一个点, 而是一个占面积为 $\frac{\hbar}{2}$ 的小圆, 圆心处在 (x, p) 点, 因此描述经典相点的运动理论 (经典刘维尔 (Liuville) 定理) 也要做相应的修改.

物理上一定会需要同时反映动量与坐标这一对共轭量的态矢量, 记 $|z\rangle$ 为 $|p, x\rangle$, 称为正则相干态, 其完备性是

$$\iint_{-\infty}^{\infty} \mathrm{d}p \mathrm{d}x \, |p, x\rangle \langle p, x| = 1 \tag{6.8}$$

本节最后指出:产生谐振子的相干态的动力学哈密顿量是

$$H_0 = \omega a^\dagger a + \mathrm{i}fa - \mathrm{i}f^* a^\dagger$$

请读者自己证明这一点.

用相干态表象可证明算符恒等式 (重复指标表示求和):

$$\exp\left(a_i^\dagger \Lambda_{ij} a_j\right) =: \exp\left[a_i^\dagger \left(\mathrm{e}^\Lambda - 1\right)_{ij} a_j\right]: \tag{6.9}$$

证明 用贝克–豪斯多夫 (Baker-Hausdorff) 恒等式导出

$$\exp\left[a_i^\dagger \Lambda_{ij} a_j\right] a_k^\dagger \exp\left[-a_i^\dagger \Lambda_{ij} a_j\right] = a_j^\dagger \left(\mathrm{e}^\Lambda\right)_{jk}$$

所以, 用相干态表象得到

$$\exp\left(a_i^\dagger \Lambda_{ij} a_j\right)$$

$$= \exp\left(a_i^\dagger \Lambda_{ij} a_j\right) \int \prod_k \frac{\mathrm{d}^2 z_k}{\pi} |z_k\rangle \langle z_k|$$

$$= \int \prod_k \frac{\mathrm{d}^2 z_k}{\pi} \exp\left(-|z_k|^2 + a_i^\dagger \Lambda_{ij} a_j\right) \mathrm{e}^{z_k a_k^\dagger} \exp\left(-a_i^\dagger \Lambda_{ij} a_j\right) |0_k\rangle \langle 0_k| \mathrm{e}^{a_k z_k^*}$$

$$= \int \prod_k \frac{\mathrm{d}^2 z_k}{\pi} : \mathrm{e}^{-|z_k|^2 + z_k (\mathrm{e}^\Lambda)_{kl} a_l^\dagger + a_k z_k^* - a_k^\dagger a_k} :$$

$$=: \exp\left[a_l^\dagger \left(\mathrm{e}^\Lambda - 1\right)_{lk} a_k\right] :$$

这个方法以后我们还要用到.

6.3   用有序算符内积分方法导出普朗克辐射公式

设光场密度算符是

$$\rho = \left(1 - \mathrm{e}^{-\beta\hbar\omega}\right) \mathrm{e}^{-\beta\hbar\omega a^\dagger a}$$

$\beta = 1/KT, K$ 是玻尔兹曼常数, 则由式（6.9）知

$$\mathrm{e}^{-\beta\hbar\omega a^\dagger a} =: \exp\left[\left(\mathrm{e}^{-\beta\hbar\omega} - 1\right) a^\dagger a\right] :$$

用相干态的完备性, 得到光子数期望值是

$$\begin{aligned}
\mathrm{tr}\left[a^\dagger a \rho\right] &= \mathrm{tr}\left(a^\dagger a \int \frac{\mathrm{d}^2 z}{\pi} \rho \left|z\right\rangle \left\langle z\right|\right) \\
&= \left(1 - \mathrm{e}^{-\beta\hbar\omega}\right) \int \frac{\mathrm{d}^2 z}{\pi} \left\langle z\right| a^\dagger a \mathrm{e}^{-\beta\hbar\omega a^\dagger a} \left|z\right\rangle \\
&= \left(1 - \mathrm{e}^{-\beta\hbar\omega}\right) \int \frac{\mathrm{d}^2 z}{\pi} \left\langle z\right| a^\dagger \mathrm{e}^{-\beta\hbar\omega a^\dagger a} \mathrm{e}^{\beta\hbar\omega a^\dagger a} a \mathrm{e}^{-\beta\hbar\omega a^\dagger a} \left|z\right\rangle \\
&= \left(1 - \mathrm{e}^{-\beta\hbar\omega}\right) \mathrm{e}^{-\beta\hbar\omega} \int \frac{\mathrm{d}^2 z}{\pi} |z|^2 \left\langle z\right| : \exp\left[\left(\mathrm{e}^{-\beta\hbar\omega} - 1\right) a^\dagger a\right] : \left|z\right\rangle \\
&= \left(1 - \mathrm{e}^{-\beta\hbar\omega}\right) \mathrm{e}^{-\beta\hbar\omega} \int \frac{\mathrm{d}^2 z}{\pi} |z|^2 \exp\left[\left(\mathrm{e}^{-\beta\hbar\omega} - 1\right) |z|^2\right]
\end{aligned}$$

令 $\mathrm{e}^{-\beta\hbar\omega} - 1 = -\lambda$, 上式化为

$$\begin{aligned}
\mathrm{tr}\left[a^\dagger a \rho\right] &= \lambda \mathrm{e}^{-\beta\hbar\omega} \int \frac{\mathrm{d}^2 z}{\pi} |z|^2 \exp\left(-\lambda |z|^2\right) \\
&= \lambda \mathrm{e}^{-\beta\hbar\omega} \frac{\partial}{\partial(-\lambda)} \int \frac{\mathrm{d}^2 z}{\pi} \exp\left(-\lambda |z|^2\right) \\
&= \lambda \mathrm{e}^{-\beta\hbar\omega} \frac{\partial}{\partial(-\lambda)} \cdot \frac{1}{\lambda} \\
&= \mathrm{e}^{-\beta\hbar\omega} \frac{1}{1 - \mathrm{e}^{-\beta\hbar\omega}} \\
&= \left(\mathrm{e}^{\frac{\hbar\omega}{KT}} - 1\right)^{-1}
\end{aligned}$$

与 1.2 节中的普朗克公式有一比. 故而 $\rho = \left(1 - \mathrm{e}^{-\beta\hbar\omega}\right) \mathrm{e}^{-\beta\hbar\omega a^\dagger a}$ 代表黑体辐射场, 也称为混沌场.

6.4 m-光子增混沌光场的密度算符的归一化

热光场既可以被强化, 例如在混沌光的腔里再注入光子. 设初始时混沌光场增加了 m 个光子, 其密度算符变为

$$\rho_m = C_m a^{\dagger m} e^{-\lambda a^\dagger a} a^n \tag{6.10}$$

这里 C_m 是保证 $\mathrm{tr}\rho_m = 1$ 所需要的系数.

为了求出 C_m, 用相干态的完备性和 $e^{-\lambda a^\dagger a}$ 的正规乘积形式

$$e^{-\lambda a^\dagger a} =: \exp\left[\left(e^{-\lambda} - 1\right) a^\dagger a\right] : \tag{6.11}$$

计算

$$1 = \mathrm{tr}\rho_m = C_m \mathrm{tr}\left[a^{\dagger m} e^{-\lambda a^\dagger a} a^m\right]$$

$$= C_m \mathrm{tr}\left[\int \frac{\mathrm{d}^2 z}{\pi} |z\rangle \langle z| a^{\dagger m} e^{-\lambda a^\dagger a} a^m\right] \tag{6.12}$$

$$= C_m \int \frac{\mathrm{d}^2 z}{\pi} \langle z| a^{\dagger m} : \exp\left[\left(e^{-\lambda} - 1\right) a^\dagger a\right] : a^m |z\rangle \tag{6.13}$$

$$= \int \frac{\mathrm{d}^2 z}{\pi} z^{*m} z^m \exp\left[\left(e^{-\lambda} - 1\right) |z|^2\right] \tag{6.14}$$

$$= C_m (-)^{m+1} m! \left(e^{-\lambda} - 1\right)^{-1-m}$$

即

$$C_m = \frac{\left(1 - e^{-\lambda}\right)^{1+m}}{m!} \tag{6.15}$$

所以 m-光子增混沌光场的迹为 1 的密度算符是

$$\rho_m = \frac{\left(1 - e^{-\lambda}\right)^{1+m}}{m!} a^{\dagger m} e^{-\lambda a^\dagger a} a^m \tag{6.16}$$

当 $m = 0, \rho_m \to \left(1 - e^{-\lambda}\right) e^{-\lambda a^\dagger a}$.

6.5 用 IWOP 方法构造压缩–相干态表象

对照式（1.24）我们可以构造一个新的 Gauss 型算符:

$$\Delta_h (q, p) = \frac{\sqrt{\kappa}}{1 + \kappa} : \exp\left[-\frac{\kappa}{1 + \kappa} (q - Q)^2 - \frac{(p - P)^2}{1 + \kappa}\right] :$$

它满足

$$\iint_{-\infty}^{\infty} \mathrm{d}p\mathrm{d}q \Delta_h(q,p) = 1$$

用 $|0\rangle\langle 0| =: \mathrm{e}^{-a^\dagger a}:$ 可以将它分拆为

$$\Delta_h(q,p) = |p,q\rangle_{\kappa\kappa}\langle p,q|$$

其中

$$|p,q\rangle_\kappa = \sqrt{\frac{2\sqrt{\kappa}}{1+\kappa}} \exp\left\{\frac{1}{1+\kappa}\left[-\frac{\kappa q^2}{2} - \frac{p^2}{2} + \sqrt{2}(\kappa q + \mathrm{i}p)a^\dagger + \frac{(1-\kappa)a^{\dagger 2}}{2}\right]\right\}|0\rangle$$

可以进一步证明

$$|p,q\rangle_\kappa = S^{-1}(\sqrt{\kappa})D(\alpha)|0\rangle \quad \left(\alpha = \frac{q+\mathrm{i}p}{\sqrt{2}}\right)$$

是平移算符, 这里 $D(\alpha) = \exp(\alpha a^\dagger - \alpha^* a)$, 于是

$$S(\sqrt{\kappa}) = \exp\left[\frac{1}{2}(a^{\dagger 2} - a^2)\ln\sqrt{\kappa}\right]$$

是压缩算符, 所以 $|p,q\rangle_\kappa$ 是压缩相干态, 满足

$$\frac{1}{2\pi}\iint_{-\infty}^{\infty}\mathrm{d}p\mathrm{d}q |p,q\rangle_{\kappa\kappa}\langle p,q| = 1$$

注意 $\langle\psi|\Delta_h(q,p)|\psi\rangle = |_\kappa\langle p,q|\psi\rangle|^2$, 所以 $\Delta_h(q,p)$ 是一个在相空间中定义的正定算符. 可见用 IWOP 方法构造压缩相干态表象是简捷的.

6.6 相干态表象完备性的导出新法及其在研究量子扩散方程中的应用

由上节的启发, 我们可以构造如下的关于 $z = x + \mathrm{i}y$ 的有序算符内的积分

$$1 = \int \frac{\mathrm{d}^2 z}{\pi} : \mathrm{e}^{-|z-a|^2} :$$

$$= \int \frac{\mathrm{d}^2 z}{\pi} : \mathrm{e}^{-|z|^2 + za^\dagger + z^* a - a^\dagger a} : \quad \mathrm{d}^2 z = \mathrm{d}x\mathrm{d}y$$

用 $|0\rangle\langle 0| =: \exp[-a^\dagger a]:$ 将指数分拆后, 得到

$$\int \frac{\mathrm{d}^2 z}{\pi}|z\rangle\langle z| = \int \frac{\mathrm{d}^2 z}{\pi}\mathrm{e}^{-|z|^2/2 + za^\dagger} : \mathrm{e}^{-a^\dagger a} : \mathrm{e}^{-|z|^2/2 + z^* a} = 1$$

$$D(z) = \exp\left(za^\dagger - z^*a\right)$$

$D(z)$ 称为平移算符, 若令 $z = \dfrac{1}{\sqrt{2}}(q + \mathrm{i}p)$, 则 $|z\rangle$ 改写为

$$|z\rangle \to |p,q\rangle = \exp\left[-\frac{1}{4}(q^2 + p^2) + \frac{1}{\sqrt{2}}(q + \mathrm{i}p)\,a^\dagger\right]|0\rangle$$

$|p,q\rangle$ 是 $q - p$ 相空间中定义的态.

用 $|0\rangle\langle 0| =: \mathrm{e}^{-a^\dagger a}:$ 立即得到相干态的完备性

$$\int \frac{\mathrm{d}^2 z}{\pi}|z\rangle\langle z| = \int \frac{\mathrm{d}^2 z}{\pi} : \mathrm{e}^{-(z^*-a^\dagger)(z-a)} := 1$$

此式有广泛的应用, 它可将密度算符化为经典量

$$\rho(t) = \int \frac{\mathrm{d}^2 z}{\pi} P(z,t)|z\rangle\langle z| \tag{6.17}$$

称 $P(z,t)$ 为 P-表示, 用它可将量子扩散的主方程

$$\frac{\mathrm{d}\rho}{\mathrm{d}t} = \kappa(a^\dagger a\rho - a^\dagger\rho a - a\rho a^\dagger + \rho a a^\dagger) \tag{6.18}$$

转换为经典扩散方程, 这里 ρ 是一个混合态. 实际上, 用

$$a^\dagger|z\rangle\langle z| = (z^* + \frac{\partial}{\partial z})|z\rangle\langle z| \tag{6.19}$$
$$|z\rangle\langle z|a = (z + \frac{\partial}{\partial z^*})|z\rangle\langle z|$$

就有

$$a^\dagger a|z\rangle\langle z| - a^\dagger|z\rangle\langle z|a - a|z\rangle\langle z|a^\dagger + |z\rangle\langle z|aa^\dagger \tag{6.20}$$
$$= za^\dagger|z\rangle\langle z| - \left(z^* + \frac{\partial}{\partial z}\right)|z\rangle\langle z|a - |z|^2|z\rangle\langle z| + \left(z + \frac{\partial}{\partial z^*}\right)|z\rangle\langle z|a^\dagger$$
$$= z\left(z^* + \frac{\partial}{\partial z}\right)|z\rangle\langle z| - \left(z^* + \frac{\partial}{\partial z}\right)\left(z + \frac{\partial}{\partial z^*}\right)|z\rangle\langle z| - |z|^2|z\rangle\langle z|$$
$$\quad + \left(z + \frac{\partial}{\partial z^*}\right)(z^*|z\rangle\langle z|)$$
$$= -\frac{\partial^2}{\partial z\partial z^*}|z\rangle\langle z|$$

将式（6.17）代入式（6.18）, 并用式（6.20）我们得到

$$\frac{\mathrm{d}\rho}{\mathrm{d}t} = \int \frac{\mathrm{d}^2 z}{\pi} \cdot \frac{\partial P(z,t)}{\partial t}|z\rangle\langle z| \tag{6.21}$$
$$= \kappa \int \frac{\mathrm{d}^2 z}{\pi}(a^\dagger a|z\rangle\langle z| - a^\dagger|z\rangle\langle z|a - a|z\rangle\langle z|a^\dagger + |z\rangle\langle z|aa^\dagger)P(z,t)$$

$$= -\kappa \int \frac{\mathrm{d}^2 z}{\pi} \cdot \frac{\partial^2 P(z,t)}{\partial z \partial z^*} |z\rangle\langle z|$$

即转换为经典扩散方程

$$\frac{\partial P(z,t)}{\partial t} = -\kappa \frac{\partial^2 P(z,t)}{\partial z \partial z^*} \tag{6.22}$$

可见 $t=0$ 时刻的相干态在量子扩散通道中演化到 t 时刻的密度算符的 P-表示恰好满足经典扩散方程, 这也说明了描述扩散通道的主方程 (6.18) 是正确的. 我们还可以直接求解

$$\frac{\mathrm{d}\rho}{\mathrm{d}t} = \kappa(a^\dagger a\rho - a^\dagger \rho a - a\rho a^\dagger + \rho a a^\dagger),$$

得到 $\rho(t)$ 与 $\rho(0)$ 的关系.

6.7 相干态表象完备性导出振幅衰减方程及其解

由于自然界中任何系统都不能是完全孤立于环境的, 系统与环境的耦合总有噪声产生, 那么描述系统的振幅衰减通道的动力学演化方程是什么呢?

让我们从一个相干态 $|\alpha\rangle\langle\alpha|$ 的振幅衰减着手讨论,

$$|\alpha\rangle\langle\alpha| \to |\alpha e^{-\kappa t}\rangle\langle\alpha e^{-\kappa t}|$$

其演化受什么方程支配呢 (κ 是衰减率)? 用正规乘积性质及

$$|\alpha e^{-\kappa t}\rangle\langle\alpha e^{-\kappa t}| =: \exp\left(-|\alpha|^2 e^{-2\kappa t} + \alpha e^{-\kappa t} a^\dagger + \alpha^* e^{-\kappa t} a - a^\dagger a\right):$$

得到

$$\frac{\mathrm{d}}{\mathrm{d}t} |\alpha e^{-\kappa t}\rangle\langle\alpha e^{-\kappa t}|$$
$$= \frac{\mathrm{d}}{\mathrm{d}t} : \exp\left(-|\alpha|^2 e^{-2\kappa t} + \alpha e^{-\kappa t} a^\dagger + \alpha^* e^{-\kappa t} a - a^\dagger a\right):$$
$$= 2\kappa|\alpha|^2 e^{-2\kappa t} |\alpha e^{-\kappa t}\rangle\langle\alpha e^{-\kappa t}| - \kappa a^\dagger e^{-\kappa t} |\alpha e^{-\kappa t}\rangle\langle\alpha e^{-\kappa t}|$$
$$\quad - \kappa |\alpha e^{-\kappa t}\rangle\langle\alpha e^{-\kappa t}| \alpha^* e^{-\kappa t} a$$
$$= 2\kappa a |\alpha e^{-\kappa t}\rangle\langle\alpha e^{-\kappa t}| a^\dagger - \kappa a^\dagger a |\alpha e^{-\kappa t}\rangle\langle\alpha e^{-\kappa t}| - \kappa |\alpha e^{-\kappa t}\rangle\langle\alpha e^{-\kappa t}| a^\dagger a$$

令 $|\alpha e^{-\kappa t}\rangle\langle\alpha e^{-\kappa t}| = \rho(t)$, 上式就等价于

$$\frac{\mathrm{d}}{\mathrm{d}t}\rho(t) = \kappa\left[2a\rho a^\dagger - \kappa a^\dagger a\rho - \kappa\rho a^\dagger a\right] \tag{6.23}$$

我们看到从 ρ_0 变为 $\rho(t)$ 在理论上希望找到一个算符 M_n, 使得式（6.23）有如下形式的解：

$$\rho(t) = \sum_{n=0}^{\infty} M_n \rho_0 M_n^{\dagger}$$

其中

$$\sum_{n=0}^{\infty} M_n M_n^{\dagger} = 1$$

为了解方程（6.23）, 引入态矢量

$$|I\rangle = \exp\{a^{\dagger}\tilde{a}^{\dagger}\}|0\tilde{0}\rangle$$

其中, $\tilde{a}^{\dagger}$ 是虚模, $[\tilde{a}, \tilde{a}^{\dagger}] = 1, \tilde{a}|\tilde{0}\rangle = 0$, 则有

$$a|I\rangle = a\exp\{a^{\dagger}\tilde{a}^{\dagger}\}|0\tilde{0}\rangle = \tilde{a}^{\dagger}|I\rangle,$$
$$a^{\dagger}|I\rangle = \tilde{a}|I\rangle,$$
$$(a^{\dagger}a)^n|I\rangle = (\tilde{a}^{\dagger}\tilde{a})^n|I\rangle$$

并记 $|\rho\rangle \equiv \rho|I\rangle$, 从式（6.23）可得类薛定谔方程

$$\begin{aligned}\frac{\mathrm{d}}{\mathrm{d}t}|\rho\rangle &= \frac{\mathrm{d}}{\mathrm{d}t}\rho|I\rangle = \kappa\left[2a\rho a^{\dagger} - \kappa a^{\dagger}a\rho - \kappa\rho a^{\dagger}a\right]|I\rangle \\ &= \kappa(2a\tilde{a} - a^{\dagger}a - \tilde{a}^{\dagger}\tilde{a})|\rho\rangle\end{aligned} \tag{6.24}$$

其形式解是

$$|\rho(t)\rangle = \exp\{\kappa t(2a\tilde{a} - a^{\dagger}a - \tilde{a}^{\dagger}\tilde{a})\}|\rho_0\rangle$$

其中, $|\rho_0\rangle \equiv \rho_0|I\rangle$. 注意到

$$[\tilde{a}^{\dagger}\tilde{a} + a^{\dagger}a, a\tilde{a}] = -2a\tilde{a}$$

就可以分解

$$\begin{aligned}|\rho(t)\rangle &=: \exp\left\{(T_2 - 1)\left(\tilde{a}^{\dagger}\tilde{a} + a^{\dagger}a\right)\right\}: \exp[\kappa T_1 a\tilde{a}]|\rho_0\rangle \\ &= \mathrm{e}^{a^{\dagger}a\ln T_2}\mathrm{e}^{\tilde{a}^{\dagger}\tilde{a}\ln T_2}\mathrm{e}^{\kappa T_1 a\tilde{a}}|\rho_0\rangle\end{aligned}$$

其中

$$T_1 = \frac{1 - \mathrm{e}^{-2\kappa t}}{\kappa}, \quad T_2 = \mathrm{e}^{-\kappa t}$$

鉴于 ρ_0 是属于系统的算符, 故 $\tilde{a}\rho_0 = \rho_0\tilde{a}, \tilde{a}^{\dagger}\rho_0 = \rho_0\tilde{a}^{\dagger}$, 所以有

$$|\rho(t)\rangle = \mathrm{e}^{a^{\dagger}a\ln T_2}\mathrm{e}^{\tilde{a}^{\dagger}\tilde{a}\ln T_2}\sum_{i=0}^{\infty}\frac{\kappa^i T_1^i}{i!}a^i\rho_0\tilde{a}^i|I\rangle \tag{6.25}$$

$$= e^{a^\dagger a \ln T_2} \sum_{i=0}^{\infty} \frac{\kappa^i T_1^i}{i!} a^i \rho_0 a^{\dagger i} e^{\tilde{a}^\dagger \tilde{a} \ln T_2} |I\rangle$$

$$= \sum_{i=0}^{\infty} \frac{\kappa^i T_1^i}{i!} e^{a^\dagger a \ln T_2} a^i \rho_0 a^{\dagger i} e^{a^\dagger a \ln T_2} |I\rangle$$

于是解得

$$\rho(t) = \sum_{n=0}^{+\infty} \frac{T^n}{n!} e^{-\kappa t a^\dagger a} a^n \rho_0 a^{\dagger n} e^{-\kappa t a^\dagger a} = \sum_{n=0}^{+\infty} M_n \rho_0 M_n^\dagger \tag{6.26}$$

其中

$$M_n = \frac{T^n}{n!} e^{-\kappa t a^\dagger a} a^n, \quad T = 1 - e^{-2\kappa t}$$

读者可以自己验证 $\sum_{n=0}^{\infty} M_n^\dagger M_n = 1$.

6.7.1　振幅衰减主方程的积分形式解

我们可以进一步将振幅衰减主方程的解（6.26）改写为有序算符内的积分形式. 把 ρ_0 在相干态表象的 P-表示

$$\rho_0 = \int \frac{\mathrm{d}^2\alpha}{\pi} P(\alpha, 0) |\alpha\rangle\langle\alpha|$$

直接代入式（6.26）就得到

$$\rho(t) = \sum_{n=0}^{\infty} \frac{T^n}{n!} e^{-\kappa t a^\dagger a} \int \frac{\mathrm{d}^2\alpha}{\pi} P(\alpha, 0) |\alpha|^{2n} |\alpha\rangle\langle\alpha| e^{-\kappa t a^\dagger a}$$

$$= \int \frac{\mathrm{d}^2\alpha}{\pi} e^{T|\alpha|^2} P(\alpha, 0) e^{-\kappa t a^\dagger a} |\alpha\rangle\langle\alpha| e^{-\kappa t a^\dagger a} \tag{6.27}$$

再用

$$e^{-\kappa t a^\dagger a} |\alpha\rangle = e^{-|\alpha|^2/2 + a a^\dagger e^{-\kappa t}} |0\rangle$$

可见

$$\rho(t) = \int \frac{\mathrm{d}^2\alpha}{\pi} e^{-|\alpha|^2 e^{-2\kappa t}} P(\alpha, 0) : e^{a^\dagger \alpha e^{-\kappa t} + a \alpha^* e^{-\kappa t} - a^\dagger a} : \tag{6.28}$$

再将式（6.17）的逆关系

$$P(\alpha, 0) = e^{|\alpha|^2} \int \frac{\mathrm{d}^2\beta}{\pi} \langle -\beta| \rho_0 |\beta\rangle e^{|\beta|^2 + \beta^* \alpha - \beta \alpha^*} \tag{6.29}$$

（$|\beta\rangle$ 也是相干态），代入式（6.28）就给出振幅衰减主方程的积分形式解

$$\rho(t) = \int \frac{\mathrm{d}^2\beta}{\pi} \langle -\beta| \rho_0 |\beta\rangle e^{|\beta|^2} \int \frac{\mathrm{d}^2\alpha}{\pi} e^{-|\alpha|^2 \left(e^{-2\kappa t} - 1 \right)} : e^{\beta^* \alpha - \beta \alpha^* + a^\dagger \alpha e^{-\kappa t} + a \alpha^* e^{-\kappa t} - a^\dagger a} :$$

$$= -\frac{1}{T} \int \frac{\mathrm{d}^2\beta}{\pi} \langle -\beta| \rho_0 |\beta\rangle \, \mathrm{e}^{|\beta|^2} : \exp\left\{ \frac{1}{T} \left[|\beta|^2 + \mathrm{e}^{-\kappa t} \left(\beta a^\dagger - \beta^* a \right) - a^\dagger a \right] \right\} :$$

$$T = 1 - \mathrm{e}^{-2\kappa t}$$

$$(6.30)$$

其好处是: 给定一个初始态 ρ_0, 只要算出矩阵元 $\langle -\beta| \rho_0 |\beta\rangle$, 再用正规乘积算符内的积分技术积分上式, 就可导出 $\rho(t)$. 此公式极大地简化了求终态密度矩阵的具体计算.

6.7.2　压缩态的衰减

当初态是压缩态, 密度算符是

$$\rho_0 = \mathrm{sech}\lambda \, \mathrm{e}^{\frac{1}{2} a^{\dagger 2} \tanh \lambda} |0\rangle \langle 0| \mathrm{e}^{\frac{1}{2} a^2 \tanh \lambda}$$

算得

$$\langle -\beta| \rho_0 |\beta\rangle = \mathrm{sech}\lambda \, \mathrm{e}^{\frac{1}{2}\left(\beta^{*2} + \beta^2 \right) \tanh \lambda - |\beta|^2}$$

$$(6.31)$$

代入式 (6.29), 根据积分公式

$$\int \frac{\mathrm{d}^2 z}{\pi} \exp\left(\zeta |z|^2 + \xi z + \eta z^* + f z^2 + g z^{*2} \right)$$

$$= \frac{1}{\sqrt{\zeta^2 - 4fg}} \exp\left(\frac{-\zeta \xi \eta + f \eta^2 + g \xi^2}{\zeta^2 - 4fg} \right)$$

就得到一个混合态

$$\rho(t) = \frac{\mathrm{sech}\,\lambda}{-T} \int \frac{\mathrm{d}^2\beta}{\pi} \mathrm{e}^{\frac{1}{2}\left(\beta^{*2} + \beta^2 \right) \tanh \lambda} :$$

$$\exp\left[-\frac{1}{T} \left(a^\dagger \mathrm{e}^{-\kappa t} + \beta^* \right) \left(a \mathrm{e}^{-\kappa t} - \beta \right) - a^\dagger a \right] :$$

$$= \frac{\mathrm{sech}\,\lambda}{-T} \int \frac{\mathrm{d}^2\beta}{\pi} :$$

$$\exp\left[\frac{|\beta|^2}{T} + \frac{\tanh \lambda}{2} \left(\beta^{*2} + \beta^2 \right) + \frac{\mathrm{e}^{-\kappa t}}{T} \left(\beta a^\dagger - \beta^* a \right) - \frac{1}{T} a^\dagger a \right] :$$

$$= \frac{\mathrm{sech}\,\lambda}{\sqrt{1 - T^2 \tanh^2 \lambda}} :$$

$$\exp\left[\frac{\mathrm{e}^{-2\kappa t} \tanh \lambda}{2} \cdot \frac{a^{\dagger 2} + a^2}{1 - T^2 \tanh^2 \lambda} + \left(\frac{T \tanh^2 \lambda \mathrm{e}^{-2\kappa t}}{1 - T^2 \tanh^2 \lambda} - 1 \right) a^\dagger a \right] :$$

$$= G \mathrm{e}^{\tau a^{\dagger 2}/2} \mathrm{e}^{a^\dagger a \ln(\sigma T \tanh \lambda)} \mathrm{e}^{\tau a^2/2}$$

$$(6.32)$$

这里

$$G \equiv \frac{\mathrm{sech}\,\lambda}{\sqrt{1 - T^2 \tanh^2 \lambda}}, \quad \tau = \frac{\mathrm{e}^{-2\kappa t} \tanh \lambda}{1 - T^2 \tanh^2 \lambda}$$

可见在衰减中, 纯态 ρ_0 退相干为混合态.

第 7 章　从光学菲涅耳变换到量子力学菲涅耳算符

狄拉克曾说经典正则变换应当有量子算符与之对应. 那么, 经典光学中的菲涅耳变换相应的算符是什么? 这个问题多少年来一直无人问津. 本章旨在找到它.

7.1　菲涅耳算符

在坐标–动量相空间中, 在 6.2 节中已经说明相干态 $|z\rangle \equiv |p,q\rangle$ 代表的不再是一个点, 而是一个圆心在 (q,p) 点、面积为 $\frac{\hbar}{2}$ 的小圆. 当圆心的运动为从 $(q,p) \to \begin{pmatrix} A & B \\ C & D \end{pmatrix} \begin{pmatrix} q \\ p \end{pmatrix}$, 其中 $AD - BC = 1$（这在经典统计力学中是为了保证相体积不变）, 相应的量子变换算符是什么呢? 为此, 我们在相干态表象内构建积分型投影算符:

$$\sqrt{\frac{1}{2}\left[A + D - \mathrm{i}(B - C)\right]} \iint_{-\infty}^{\infty} \frac{\mathrm{d}q\mathrm{d}p}{2\pi} \left| \begin{pmatrix} A & B \\ C & D \end{pmatrix} \begin{pmatrix} q \\ p \end{pmatrix} \right\rangle \left\langle \begin{pmatrix} q \\ p \end{pmatrix} \right| \equiv F$$

其中因子 $\sqrt{\cdots}$ 是为了保障 F 的幺正性而引入的. 为了简化其计算, 引入

$$s = \frac{1}{2}\left[A + D - \mathrm{i}(B - C)\right], \quad r = -\frac{1}{2}\left[A - D + \mathrm{i}(B + C)\right], \quad |s|^2 - |r|^2 = 1$$

并记 $z = \frac{1}{\sqrt{2}}(q + \mathrm{i}p)$, 就可改写为

$$\left| \begin{pmatrix} A & B \\ C & D \end{pmatrix} \begin{pmatrix} q \\ p \end{pmatrix} \right\rangle = \left| \begin{pmatrix} s & -r \\ -r^* & s^* \end{pmatrix} \begin{pmatrix} z \\ z^* \end{pmatrix} \right\rangle \equiv |sz - rz^*\rangle$$

$$= \exp\left[-\frac{1}{2}|sz - rz^*|^2 + (sz - rz^*)a^\dagger\right]|0\rangle$$

这样一来, F 就变为

$$F(s,r) = \sqrt{s} \int \frac{\mathrm{d}^2 z}{\pi} |sz - rz^*\rangle \langle z|$$

用 IWOP 方法积分得

$$F(s,r) = \sqrt{s} \int \frac{\mathrm{d}^2 z}{\pi} :$$
$$\exp\left[-|s|^2 |z|^2 + sza^\dagger + z^* (a - ra^\dagger) + \frac{r^* s}{2} z^2 + \frac{rs^*}{2} z^{*2} - a^\dagger a \right] :$$
$$= \frac{1}{\sqrt{s^*}} \exp\left(-\frac{r}{2s^*} a^{\dagger 2} \right) : \exp\left[\left(\frac{1}{s^*} - 1 \right) a^\dagger a \right] : \exp\left(\frac{r^*}{2s^*} a^2 \right) \qquad (7.1)$$

由此导出

$$\langle z| F(s,r) |z'\rangle = \frac{1}{\sqrt{s^*}} \exp\left(-\frac{|z|^2}{2} - \frac{|z'|^2}{2} - \frac{r}{2s^*} z^{*2} - \frac{r^*}{2s^*} z'^2 + \frac{z^* z'}{s^*} \right)$$

我们称 $F(s,r)$ 为菲涅耳算符, 因为它的经典对应是描述由参数为 A, B, C, D 的光学器件产生的菲涅耳衍射变换的积分. 用 IWOP 方法可以进一步计算

$$F(r,s)F'(r',s') = \sqrt{ss'} \int \frac{\mathrm{d}^2 z}{\pi} \int \frac{\mathrm{d}^2 z'}{\pi} |sz - rz^*\rangle \langle z | s'z' - r'z'^*\rangle \langle z'|$$
$$= \frac{1}{\sqrt{s''^*}} \exp\left(-\frac{r''}{2s''^*} a^{\dagger 2} \right) : \exp\left[\left(\frac{1}{s''^*} - 1 \right) a^\dagger a \right] : \exp\left(\frac{r''^*}{2s''^*} a^2 \right)$$
$$= F(r'', s'') \qquad (7.2)$$

其中,

$$\begin{pmatrix} s'' & r'' \\ -r''^* & s''^* \end{pmatrix} = \begin{pmatrix} s & r \\ -r^* & s^* \end{pmatrix} \begin{pmatrix} s' & r' \\ -r'^* & s'^* \end{pmatrix} \qquad (|s''|^2 - |r''|^2 = 1)$$

或

$$\begin{pmatrix} A'' & B'' \\ C'' & D'' \end{pmatrix} = \begin{pmatrix} A & B \\ C & D \end{pmatrix} \begin{pmatrix} A' & B' \\ C' & D' \end{pmatrix} = \begin{pmatrix} AA' + BC' & AB' + BD' \\ A'C + C'D & B'C + DD' \end{pmatrix}$$

可见两次菲涅耳变换等价于其参数矩阵相乘的一次菲涅耳变换.

用 $\begin{pmatrix} A & B \\ C & D \end{pmatrix}$ 来表示, 可以证明式 (7.1) 是

$$F = \exp\left(\frac{\mathrm{i}C}{2A} Q^2 \right) \exp\left[-\frac{\mathrm{i}}{2} (QP + PQ) \ln A \right] \exp\left(-\frac{\mathrm{i}B}{2A} P^2 \right) \qquad (7.3)$$

因为它生成的变换是

$$FQF^\dagger = DQ - BP, \quad FPF^\dagger = AP - CQ \qquad (7.4)$$

即

$$(Q, P) \to \begin{pmatrix} A & B \\ C & D \end{pmatrix}^{-1} \begin{pmatrix} Q \\ P \end{pmatrix}$$

7.2 菲涅耳积分

讨论（7.1）式中的菲涅耳算符在坐标表象中的矩阵元, 用相干态的完备性得到

$$
\begin{aligned}
\langle q'|\, F(s,r) \,|q\rangle &= \int \frac{\mathrm{d}^2 z}{\pi} \, \langle q'|\, z\rangle \, \langle z|\, F(s,r) \int \frac{\mathrm{d}^2 z'}{\pi} \, |z'\rangle \, \langle z'|\, q\rangle \\
&= \frac{1}{\sqrt{2\pi \mathrm{i} B}} \exp\left[\frac{\mathrm{i}}{2B} \left(A q^2 - 2 q' q + D q'^2 \right) \right]
\end{aligned}
$$

它恰好是经典光学中的描述菲涅耳衍射积分的表式（或称 Collins 公式）

$$
g(q') = \frac{1}{\sqrt{2\pi \mathrm{i} B}} \int_{-\infty}^{\infty} \exp\left[\frac{\mathrm{i}}{2B} \left(A q^2 - 2 q' q + D q'^2 \right) \right] f(q) \, \mathrm{d}q
$$

之变换核, 其中 $f(q)$ 是入射光场, $g(q')$ 是出射光场, 所以我们找到的菲涅耳算符就是经典光学菲涅耳变换的量子对应.

7.3 坐标–动量中介表象

再求菲涅耳算符对坐标本征态的作用

$$
\begin{aligned}
F(s,r) \,|q\rangle &= \sqrt{s} \int \frac{\mathrm{d}^2 z}{\pi} \, |sz - rz^*\rangle \, \langle z|\, q\rangle \\
&= \pi^{-1/4} \sqrt{s} \int \frac{\mathrm{d}^2 z}{\pi} \exp\left[-\frac{1}{2} |sz - rz^*|^2 + (sz - rz^*) a^\dagger \right] |0\rangle \\
&\quad \times \exp\left(-\frac{q^2}{2} + \sqrt{2} q z^* - \frac{z^{*2}}{2} - \frac{|z|^2}{2} \right) \equiv |q\rangle_{s,r} \tag{7.5}
\end{aligned}
$$

这里

$$
\begin{aligned}
|q\rangle_{s,r} &\equiv \frac{\pi^{-1/4}}{\sqrt{s^* + r^*}} \exp\left(-\frac{s^* - r^*}{s^* + r^*} \cdot \frac{q^2}{2} + \frac{\sqrt{2} q}{s^* + r^*} a^\dagger - \frac{s + r}{s^* + r^*} \cdot \frac{a^{\dagger 2}}{2} \right) |0\rangle \tag{7.6} \\
&= \frac{\pi^{-1/4}}{\sqrt{D + \mathrm{i} B}} \exp\left(-\frac{A - \mathrm{i} C}{D + \mathrm{i} B} \cdot \frac{q^2}{2} + \frac{\sqrt{2} q}{D + \mathrm{i} B} a^\dagger - \frac{D - \mathrm{i} B}{D + \mathrm{i} B} \cdot \frac{a^{\dagger 2}}{2} \right) |0\rangle \\
&\equiv |q\rangle_{D,B} \tag{7.7}
\end{aligned}
$$

注意 $s^* + r^* = D + \mathrm{i} B$, $s^* - r^* = A - \mathrm{i} C$. $|q\rangle_{D,B}$ 满足本征态方程

$$
(DQ - BP) \,|q\rangle_{D,B} = q \,|q\rangle_{D,B} \tag{7.8}
$$

及完备性

$$
\int_{-\infty}^{\infty} \mathrm{d}q \, |q\rangle_{D,B\ D,B} \, \langle q|
$$

$$= \frac{1}{\sqrt{D^2 + B^2}} \int_{-\infty}^{\infty} \frac{\mathrm{d}q}{\sqrt{\pi}} : \exp\left[-\frac{1}{D^2 + B^2}(q - DQ + BP)^2\right] :$$
$$= 1 \tag{7.9}$$

当 $D = 1, B = 0$, 式 (7.8) 约化为坐标本征态方程, 式 (7.9) 变为

$$1 = \int_{-\infty}^{\infty} \frac{\mathrm{d}q}{\sqrt{\pi}} : \exp[-(q - Q)^2] :$$

而当 $D = 0, B = 1$ 时, 上式约化为

$$1 = \int_{-\infty}^{\infty} \frac{\mathrm{d}q}{\sqrt{\pi}} : \exp[-(q - P)^2] :$$

反映动量表象完备性 (详见 4.6 节), 所以我们称 $|q\rangle_{D,B}$ 是坐标–动量中介表象.

7.4　外尔–魏格纳量子化与外尔排序

坐标 Q 与动量 P 是不能同时精确测定的, 但人们可以在理论上引入相空间. 最早把相空间概念用于量子化的是玻尔–索末菲, $\oint p\mathrm{d}q = n\hbar$. 1930 年, 魏格纳首先引入量子态的分布函数, 它的边缘分布与态的波函数的模的平方相关. 用 IWOP 方法最容易引入 Wigner 算符及相空间准概率分布函数. 参考坐标投影算符

$$|q\rangle\langle q| = \delta(q - Q) = \frac{1}{\sqrt{\pi}} : \mathrm{e}^{-(q-Q)^2} : \tag{7.10}$$

和动量投影算符

$$|p\rangle\langle p| = \delta(p - P) = \frac{1}{\sqrt{\pi}} : \mathrm{e}^{-(p-P)^2} : \tag{7.11}$$

我们立刻可组成

$$\frac{1}{\pi} : \mathrm{e}^{-(q-Q)^2 - (p-P)^2} :\equiv \Delta(q, p) \tag{7.12}$$

称它为魏格纳算符, 它的完备性

$$\iint_{-\infty}^{\infty} \mathrm{d}p\mathrm{d}q \Delta(q, p) = 1 \tag{7.13}$$

或用

$$Q = \frac{a + a^{\dagger}}{\sqrt{2}}, \quad P = \frac{a - a^{\dagger}}{\sqrt{2}\mathrm{i}}, \quad \frac{(q + \mathrm{i}p)}{\sqrt{2}} = \alpha$$

将式 (7.12) 改写为

$$\Delta(q,p) \to \frac{1}{\pi} : e^{-2(a^\dagger - \alpha^*)(a-\alpha)} := \frac{1}{\pi} e^{2\alpha a^\dagger} (-1)^{a^\dagger a} e^{2\alpha^* a - 2|\alpha|^2} \equiv \Delta(\alpha) \quad (7.14)$$

可见它是一个厄密算符. 魏格纳算符具有正交性, 体现在

$$\mathrm{tr}\left[\Delta(q,p)\Delta(q',p')\right] = \frac{1}{\pi^2} \int \frac{\mathrm{d}^2 z}{\pi} \langle z| e^{2\alpha a^\dagger} (-1)^{a^\dagger a} e^{2\alpha^* a} e^{2\alpha' a^\dagger} (-1)^{a^\dagger a} e^{2\alpha'^* a} |z\rangle \tag{7.15}$$

$$= 2\pi\delta(q-q')\delta(p-p')$$

所以 Wigner 算符可以构成一个正交完备的混合态表象. 而 $\Delta(q,p)$ 的单侧积分是

$$\int_{-\infty}^{\infty} \mathrm{d}p\Delta(q,p) = |q\rangle\langle q| \tag{7.16}$$

$$\int_{-\infty}^{\infty} \mathrm{d}q\Delta(q,p) = |p\rangle\langle p| \tag{7.17}$$

求处于量子态 $|\psi\rangle$ 时厄密算符 $\Delta(q,p)$ 的平均值

$$\langle\psi|\Delta(q,p)|\psi\rangle = \mathrm{tr}\left(|\psi\rangle\langle\psi|\Delta(q,p)\right) \equiv W(q,p) \tag{7.18}$$

称为魏格纳函数, 其边缘分布分别是坐标空间和动量空间的概率密度

$$\int_{-\infty}^{\infty} \mathrm{d}p W(q,p) = \mathrm{tr}\left(|\psi\rangle\langle\psi| \int \mathrm{d}p\Delta(q,p)\right) = \langle\psi|q\rangle\langle q|\psi\rangle = |\psi(q)|^2 \tag{7.19}$$

$$\int_{-\infty}^{\infty} \mathrm{d}q W(q,p) = \mathrm{tr}\left(|\psi\rangle\langle\psi| \int \mathrm{d}q\Delta(q,p)\right) = \langle\psi|p\rangle\langle p|\psi\rangle = |\psi(p)|^2 \tag{7.20}$$

这就是魏格纳函数的物理意义——准概率分布函数.

我们进一步用正规序算符内的积分技术写 $\Delta(\alpha)$ 为

$$\Delta(\alpha) = \frac{1}{\pi} : \exp\left[-2(a^\dagger - \alpha^*)(a-\alpha)\right] : \tag{7.21}$$

$$= \frac{1}{2} \int \frac{\mathrm{d}^2\beta}{\pi^2} : e^{-\frac{1}{2}|\beta|^2 - i\beta(a^\dagger - \alpha^*) - i\beta^*(a-\alpha)} : \tag{7.22}$$

$$= \frac{1}{2} \int \frac{\mathrm{d}^2\beta}{\pi^2} e^{-i\beta(a^\dagger - \alpha^*) - i\beta^*(a-\alpha)}$$

注意到 $e^{-i\beta a^\dagger - i\beta^* a}$ 既与 $e^{-i\beta a^\dagger} e^{-i\beta^* a}$ (正规排序) 不同, 也与 $e^{-i\beta^* a} e^{-i\beta a^\dagger}$ (反正规排序) 不同, 所以 $e^{-i\beta a^\dagger - i\beta^* a}$ 是一种特殊的排序 (称之为 Weyl 排序), 范洪义以符号 $\vdots \quad \vdots$ 标记之, 则

$$e^{-i\beta(a^\dagger - \alpha^*) - i\beta^*(a-\alpha)} = \vdots e^{-i\beta(a^\dagger - \alpha^*) - i\beta^*(a-\alpha)} \vdots \tag{7.23}$$

而且在 $\vdots\ \vdots$ 内部，$a^\dagger$ 与 a 可以交换. 于是用 Weyl 排序算符内的积分技术得到 Wigner 算符的 Weyl 排序形式——δ 算符形式：

$$\Delta\left(\alpha\right) = \frac{1}{2}\int\frac{\mathrm{d}^2\beta}{\pi^2}\vdots\mathrm{e}^{-\mathrm{i}\beta(a^\dagger-\alpha^*)-\mathrm{i}\beta^*(a-\alpha)}\vdots = \frac{1}{2}\vdots\delta(a-\alpha)\delta(a^\dagger-\alpha^*)\vdots \tag{7.24}$$

或

$$\Delta\left(q,p\right) = \vdots\delta(q-Q)\delta(p-P)\vdots \tag{7.25}$$

比较式（7.25）与式（7.12）可见同一算符在不同排序下呈现不同形式.

根据完备性（7.13），任何算符 H 都可以用 $\Delta\left(q,p\right)$ 展开：

$$H = \iint \mathrm{d}p\mathrm{d}q\Delta\left(q,p\right)h\left(q,p\right) \tag{7.26}$$

$h\left(q,p\right)$ 就是 H 的一种经典对应，或称 H 为 $h\left(q,p\right)$ 的 Weyl-Wigner 量子化对应：

$$H = \iint_{-\infty}^{\infty}\mathrm{d}p\mathrm{d}q\vdots\delta(q-Q)\delta(p-P)\vdots h\left(q,p\right) = \vdots h\left(Q,P\right)\vdots \tag{7.27}$$

这是算符 H 的 Weyl 排序形式.

一般而言，一种经典–量子对应方案就隐含着一种算符排序规则. 具体地说，就是将 Wigner 算符改写为（注意 P 与 Q 在 $\vdots\ \vdots$ 内部对易）

$$\Delta\left(q,p\right) = \vdots\delta\left(p-P\right)\delta\left(q-Q\right)\vdots = \vdots\delta\left(q-Q\right)\delta\left(p-P\right)\vdots \tag{7.28}$$

$$= \iint_{-\infty}^{\infty}\frac{\mathrm{d}u\mathrm{d}v}{4\pi^2}\vdots\mathrm{e}^{\mathrm{i}(q-Q)u+\mathrm{i}(p-P)v}\vdots$$

或

$$\Delta\left(q,p\right) = \iint_{-\infty}^{\infty}\frac{\mathrm{d}u\mathrm{d}v}{4\pi^2}\mathrm{e}^{\mathrm{i}(q-Q)u+\mathrm{i}(p-P)v}$$

根据式（7.25）有

$$\iint_{-\infty}^{\infty}\mathrm{d}p\mathrm{d}q\mathrm{e}^{\lambda q+\sigma p}\Delta\left(q,p\right) = \iint_{-\infty}^{\infty}\mathrm{d}p\mathrm{d}q\mathrm{e}^{\lambda q+\sigma p}\vdots\delta\left(q-Q\right)\delta\left(p-P\right)\vdots$$

$$= \vdots\mathrm{e}^{\lambda Q+\sigma P}\vdots = \mathrm{e}^{\lambda Q+\sigma P}$$

所以 Weyl-Wigner 量子化的本质就是把经典量 $\mathrm{e}^{\lambda q+\sigma p}$ 直接量子化为 $\mathrm{e}^{\lambda Q+\sigma P}$ 的方案，或是以下式表征：

$$\vdots\left(\lambda Q+\sigma P\right)^n\vdots = \left(\lambda Q+\sigma P\right)^n \tag{7.29}$$

在下一章节我们将给出其在量子断层摄影术（Tomography）中的应用.

7.5 坐标–动量中介表象作为魏格纳算符的 拉东变换

从式（7.7）我们可以看出坐标–动量中介表象的投影算符是

$$|q\rangle_{D,B\ D,B}\langle q| = \frac{1}{\sqrt{\pi}\sqrt{D^2+B^2}} : \exp\left[-\frac{1}{D^2+B^2}(q-DQ+BP)^2\right]: \quad (7.30)$$

而 Wigner 算符

$$\frac{1}{\pi} : \mathrm{e}^{-(q-Q)^2-(p-P)^2} := \Delta(q,p)$$

所以有以下积分关系成立：

$$|q\rangle_{D,B\ D,B}\langle q| = \iint_{-\infty}^{\infty}\mathrm{d}q'\mathrm{d}p'\delta[q-(Dq'-Bp')]\frac{1}{\pi} : \mathrm{e}^{-(q'-Q)^2-(p'-P)^2}: \quad (7.31)$$

$$= \iint_{-\infty}^{\infty}\mathrm{d}q'\mathrm{d}p'\delta[q-(Dq'-Bp')]\Delta(q',p') \quad (7.32)$$

此式右边 $\delta(q-Dq'-Bp')$ 代表投影到一条射线上的积分, 称为魏格纳算符的拉东（Radon）变换, 即 $|q\rangle_{D,B\ D,B}\langle q|$ 恰好是魏格纳算符的拉乐变换. 由魏格纳算符的正交性式（7.15）可得到其逆关系

$$2\pi\mathrm{tr}\left[\Delta(q',p')|q\rangle_{D,B\ D,B}\langle q|\right]$$

$$= 2\pi\mathrm{tr}\left[\Delta(q',p')\iint_{-\infty}^{\infty}\mathrm{d}q''\mathrm{d}p''\delta[q-(Dq''-Bp'')]\Delta(q'',p'')\right] \quad (7.33)$$

$$= \delta[q-(Dq'-Bp')] \quad (7.34)$$

从另一角度讲, 按照外尔量子化的定义, 函数 $\delta[q-(Dq'-Bp')]$ 恰好是投影算符 $|q\rangle_{D,B\ D,B}\langle q|$ 的经典外尔对应. 所以一个量子态 $|\psi\rangle$ 的魏格纳函数 $W(p',q') = \langle\psi|\Delta(q',p')|\psi\rangle$ 的拉东变换（称作量子断层, tomogram）为

$$|_{B,D}\langle q|\psi\rangle|^2 = \iint_{-\infty}^{\infty}\mathrm{d}q'\mathrm{d}p'\delta[q-(Dq'-Bp')]W(p',q'), \quad (7.35)$$

即是 $|\psi\rangle$ 在坐标–动量中介表象中波函数模的平方, 这也是引入此表象的物理意义.

7.6　量子断层摄影术与菲涅耳变换

由式（7.5）~ 式（7.7）知 $|q\rangle_{D,B\ D,B}\langle q| = F|q\rangle\langle q|F^\dagger$, 所以式（7.32）又等于

$$\iint_{-\infty}^{\infty} \mathrm{d}q'\mathrm{d}p'\delta\left[q-(Dq'-Bp')\right]\Delta\left(q',p'\right) = F|q\rangle\langle q|F^\dagger \tag{7.36}$$

两边对 $|\psi\rangle$ 求平均, 于是

$$|\langle q|F^\dagger|\psi\rangle|^2 = \iint_{-\infty}^{\infty} \mathrm{d}q'\mathrm{d}p'\delta\left[q-(Dq'-Bp')\right]W\left(p',q'\right)$$

这就说明处于量子态 $|\psi\rangle$ 的 Wigner 函数的（以 B,D 为投影参数）Radon 变换恰是 $|\psi\rangle$ 在菲涅尔变换过的坐标表象中的概率分布. 量子断层（tomography）与菲涅耳变换之间的这个关系值得实验物理学家检验.

以下讨论式（7.32）的逆变换. 从本征方程式（7.8）及中介表象完备性关系式（7.9）, 可得

$$\mathrm{e}^{-\mathrm{i}\lambda(DQ-BP)} = \int\mathrm{d}q\,|q\rangle_{D,B\ D,B}\langle q|\,\mathrm{e}^{-\mathrm{i}\lambda q}$$

另一方面, 由 Weyl 对应

$$\mathrm{e}^{-\mathrm{i}\lambda(DQ-BP)} = \iint\mathrm{d}q\mathrm{d}p\Delta\left(q,p\right)\mathrm{e}^{-\mathrm{i}\lambda(Dq-Bp)} \tag{7.37}$$

把右边看作一个傅里叶变换, 则其逆变换是

$$\Delta\left(q,p\right) = -\frac{1}{4\pi^2}\iint\mathrm{d}\left(\lambda D\right)\mathrm{d}\left(\lambda B\right)\mathrm{e}^{-\mathrm{i}\lambda(DQ-B\hat{P})}\mathrm{e}^{\mathrm{i}\lambda(Dq-Bp)}$$

$$= -\frac{1}{4\pi^2}\int_{-\infty}^{\infty}\mathrm{d}q'\int_{-\infty}^{\infty}\mathrm{d}\lambda'\,|\lambda'|\int_{0}^{\pi}\mathrm{d}\varphi\,|q'\rangle_{D,B\ D,B}\langle q'|$$

$$\times\exp\left[-\mathrm{i}\lambda'\left(\frac{q'}{\sqrt{\mu^2+\nu^2}} - q\cos\varphi - p\sin\varphi\right)\right]$$

式中

$$\lambda' = \lambda\sqrt{D^2+B^2},\quad \cos\varphi = \frac{D}{\sqrt{D^2+B^2}},\quad \sin\varphi = -\frac{B}{\sqrt{D^2+B^2}}$$

所以从投影算符 $|q'\rangle_{D,B\ D,B}\langle q'|$ 反过来可以给出 Wigner 算符, 或从 $\langle\psi|q'\rangle_{D,B\ D,B}\langle q'|\psi\rangle$ 重构 Wigner 函数, 这就是所谓量子断层（层析摄影）的意义. 类似式（7.5）, 我们求菲涅尔算符对动量本征态的作用, 可得到

$$F|p\rangle = |p\rangle_{A,C}$$

$$= \frac{\pi^{-1/4}}{\sqrt{A-\mathrm{i}C}} \exp\left(-\frac{D+\mathrm{i}B}{A-\mathrm{i}C} \cdot \frac{p^2}{2} + \frac{\sqrt{2}\mathrm{i}p}{A-\mathrm{i}C}a^\dagger + \frac{A+\mathrm{i}C}{A-\mathrm{i}C} \cdot \frac{a^{\dagger 2}}{2}\right)|0\rangle \quad (7.38)$$

满足关系

$$F\,|p\rangle\,\langle p|\,F^\dagger = |p\rangle_{A,C}\,{}_{A,C}\,\langle p| = \iint_{-\infty}^{\infty} \mathrm{d}q'\mathrm{d}p'\,\delta\left[p-(Ap'-Cq')\right]\Delta\left(q',p'\right)$$

注意 $AD - BC = 1.$

第 8 章　量子力学纠缠态表象

8.1　爱因斯坦等三人的 1935 年论文简介

1935 年爱因斯坦等 (Einstein, Podolsky, Rosen, 简称 EPR) 发表的论文《能认为量子力学对物理实在的描述是完备的吗?》一文中给出实在性判据: 要是体系不受干扰, 就可确定地预言一个物理量的值, 那么对应此物理量, 存在着物理实在的一个要素. 另一是完备性判据: 在一种完备的理论中, 物理实在的每一个要素在物理理论中都有一个对应物.

EPR 举例说, 一个粒子由于其内力作用而分裂成两个粒子背向运动, 经过足够长时间, 相距已经遥远. 按常理, 对粒子 1 做精确测量, 粒子 2 也不知被测量的物理量是哪一个, 即是说, 对粒子 1 的测量根本不会干扰到粒子 2. 然而, "悖论" 来了: 两个粒子的相对坐标算符 $X_1 - X_2$ 和其总动量 $P_1 + P_2$ 算符是可交换的, 是可以被同时精确地测量的. 按照量子力学的基本常识, 鉴于 $[X_1 - X_2, P_1 + P_2] = 0$, 位置之差以及两粒子动量和是物理实在量, 故而会存在一个两粒子态, 只要测量了粒子 1 的位置 X_1 就可推出粒子 2 的位置 X_2; 同样, 知道了粒子 1 的精确动量 P_1 就可推出粒子 2 的 P_2; 换言之, 对第一个粒子的测量能够确定地预言第二个粒子的相应的物理量而又不干扰该粒子, 按照实在元素的判据应该承认它们是同时实在的. 然而, 这显然与哥本哈根学派的代表海森伯不确定性原理相悖. 因此, 爱因斯坦认为由波函数所提供的关于现行量子力学的描述是不完备的. 爱因斯坦在给爱泼斯坦的信中, 曾明白地写道: "我自己从一个简单的理想实验出发得到了这些思想."

回避这个矛盾的途径是: 注意上述已假定粒子 1 与粒子 2 在分离之后相距很远, 即对粒子 1 的测量不影响到粒子 2 的状态, 这就是所谓的定域性原理, 否则就是幽灵般的超距作用. 如果想使哥本哈根解释继续有效, 就必须得承认对粒子 1

的观测会即时影响粒子 2 的状态, 否则哥本哈根解释就失效了. 即是说, 必须承认这幽灵般的超距作用 (超光速) 存在, 其违背了因果律, 这就是量子纠缠.

为了说得更精确性, 爱因斯坦还为这个理想实验构思了 1-2 粒子组合系统的态由如下的波函数表示

$$\psi\left(x_1, x_2\right) = \int_{-\infty}^{\infty} e^{\frac{2\pi i}{h}\left(x_1 - x_2 + x_0\right)p} dp \tag{8.1}$$

这里 x_0 是一个常数. 显然这是在二维坐标表象中态矢量 ψ 的波函数, 至于 ψ 是什么, EPR 文章中没有说.

玻尔在费尽心机的思考后, 指出微观系统在根本上具有 "不可分离性", 以此观点来否定 EPR 的说教.

EPR 的文章引起薛定谔的共鸣, 他构思了一个颇具讽刺意味的假想实验, 一只猫的死活由微观放射性原子是否衰变而激励毒气是否释放来决定. 于是, "最初限定在原子领域的不确定性, 转变为可通过直接观察解决的宏观不确定性——这种情况是十分典型的. 这防止了我们幼稚地把 '模糊模型' 看作事实图像……一张摇晃的或对焦不准确的照片与一张云和雾峰的照片之间是有区分的."

从 EPR 论文的内容看, 给出的是二粒子系统态的波函数, 但没有进而深入导出此量子态的具体形式, 要知道光写出波函数是不够的, 因为波函数只是相应的量子态的某个表象 (例如在坐标表象中).

EPR 的论文引出了成百上千的后续论文, 但谁也没关注 EPR 态矢量的具体形式及其是否为物理的, 故我们将在下面推导之.

8.2 构建连续变量的纠缠态表象

通过有序算符内的积分方法可以正确无误地导出此态, 根据式 (8.1) 中的 EPR 波函数来求出相应的量子态.

为了行文方便, 将式 (8.1) 中的 $\frac{h}{2\pi} = \hbar$, 设为 1, 并在右边补上 $\frac{1}{2\pi}$ 并积分之, 于是用狄拉克符号得到

$$\psi\left(x_1, x_2\right) = \frac{1}{2\pi} \int_{-\infty}^{\infty} e^{i\left(x_1 - x_2 + x_0\right)p} dp = \delta\left(x_1 - x_2 + x_0\right) = \langle x_1, x_2 | \psi \rangle \tag{8.2}$$

接着我们求 $|\psi\rangle$. 在 Fock 空间中坐标本征态是

$$|x_1\rangle = \pi^{-1/4} \exp\left(-\frac{x_1^2}{2} + \sqrt{2}x_1 a_1^\dagger - \frac{a_1^{\dagger 2}}{2}\right)|0\rangle_1, \quad X_1|x_1\rangle = x_1|x_1\rangle \tag{8.3}$$

$$|x_2\rangle = \pi^{-1/4} \exp\left(-\frac{x_2^2}{2} + \sqrt{2}x_2 a_2^\dagger - \frac{a_2^{\dagger 2}}{2}\right)|0\rangle_2, \quad X_2|x_1\rangle = x_2|x_2\rangle \tag{8.4}$$

$a_1^\dagger$ 是玻色产生算符, 满足 $\left[a_1, a_1^\dagger\right] = 1$, $|0\rangle_1$ 是真空态, $a_1|0\rangle_1 = 0$. 于是由坐标表象完备性

$$\iint_{-\infty}^{\infty} \mathrm{d}x_1 \mathrm{d}x_2 |x_1, x_2\rangle \langle x_1, x_2| = 1 \tag{8.5}$$

就得到

$$|\psi\rangle = \iint_{-\infty}^{\infty} \mathrm{d}x_1 \mathrm{d}x_2 |x_1, x_2\rangle \langle x_1, x_2|\,\psi\rangle \tag{8.6}$$

将式（8.2）～ 式（8.4）代入式（8.6）并积分得

$$\begin{aligned}
|\psi\rangle &= \iint_{-\infty}^{\infty} \frac{\mathrm{d}x_1 \mathrm{d}x_2}{\sqrt{\pi}} \exp\left[-\frac{x_1^2 + x_2^2}{2} + \sqrt{2}\left(x_1 a_1^\dagger + x_2 a_2^\dagger\right) - \frac{a_1^{\dagger 2} + a_2^{\dagger 2}}{2}\right]|00\rangle \\
&\quad \times \delta\left(x_1 - x_2 + x_0\right) \\
&= \int_{-\infty}^{\infty} \frac{\mathrm{d}x_2}{\sqrt{\pi}} \exp\left[-\frac{(x_2 - x_0)^2 + x_2^2}{2}\right. \\
&\quad \left. + \sqrt{2}\left(x_2 - x_0\right)a_1^\dagger + \sqrt{2}x_2 a_2^\dagger - \frac{a_1^{\dagger 2} + a_2^{\dagger 2}}{2}\right]|00\rangle \\
&= \int_{-\infty}^{\infty} \frac{\mathrm{d}x_2}{\sqrt{\pi}} \exp\left[-x_2^2 + \sqrt{2}x_2\left(\frac{x_0}{\sqrt{2}} + a_1^\dagger + a_2^\dagger\right)\right. \\
&\quad \left. - \sqrt{2}x_0 a_1^\dagger - \frac{x_0^2 + a_1^{\dagger 2} + a_2^{\dagger 2}}{2}\right]|00\rangle \\
&= \exp\left[\frac{1}{2}\left(\frac{x_0}{\sqrt{2}} + a_1^\dagger + a_2^\dagger\right)^2 - \sqrt{2}x_0 a_1^\dagger - \frac{x_0^2 + a_1^{\dagger 2} + a_2^{\dagger 2}}{2}\right]|00\rangle \\
&= \exp\left(-\frac{x_0^2}{4} - \frac{x_0}{\sqrt{2}}a_1^\dagger + \frac{x_0}{\sqrt{2}}a_2^\dagger + a_1^\dagger a_2^\dagger\right)|0,0\rangle \equiv \left|-\frac{x_0}{\sqrt{2}}\right\rangle
\end{aligned} \tag{8.7}$$

这就是 EPR 态 $|\psi\rangle$ 的显式, 将它记为 $\left|-\dfrac{x_0}{\sqrt{2}}\right\rangle$, 它是双模 Fock 空间中的态矢量. 下面要说明它属于纠缠态表象.

下面讨论纠缠态表象的完备–正交性.

可以将 $-\frac{x_0}{\sqrt{2}}$ 推广为复数 $\eta = \eta_1 + i\eta_2$，按照 $\left|-\frac{x_0}{\sqrt{2}}\right\rangle$ 的结构，我们引入 $|\eta\rangle$ 态，就有

$$|\eta\rangle = \exp\left(-\frac{|\eta|^2}{2} + \eta a_1^\dagger - \eta^* a_2^\dagger + a_1^\dagger a_2^\dagger\right)|00\rangle \quad (\eta = \eta_1 + i\eta_2) \tag{8.8}$$

当 $\eta_1 = -\frac{x_0}{\sqrt{2}}, \eta_2 = 0$ 时，式（8.8）退化为式（8.7）．让 a_1 作用 $|\eta\rangle$ 得到

$$a_1|\eta\rangle = \left[a_1, \exp\left(-\frac{|\eta|^2}{2} + \eta a_1^\dagger - \eta^* a_2^\dagger + a_1^\dagger a_2^\dagger\right)\right]|00\rangle \tag{8.9}$$
$$= \left(\eta + a_2^\dagger\right)|\eta\rangle$$

所以

$$\left(a_1 - a_2^\dagger\right)|\eta\rangle = \eta|\eta\rangle \tag{8.10}$$

类似地有

$$a_2|\eta\rangle = \left[a_2, \exp\left(-\frac{|\eta|^2}{2} + \eta a_1^\dagger - \eta^* a_2^\dagger + a_1^\dagger a_2^\dagger\right)\right]|00\rangle \tag{8.11}$$
$$= \left(-\eta^* + a_1^\dagger\right)|\eta\rangle$$

故

$$\left(a_1^\dagger - a_2\right)|\eta\rangle = \eta^*|\eta\rangle \tag{8.12}$$

因为两粒子相对坐标是

$$X_1 - X_2 = \frac{a_1 + a_1^\dagger - a_2 - a_2^\dagger}{\sqrt{2}} \tag{8.13}$$

两粒子总动量是

$$P_1 + P_2 = \frac{a_1 - a_1^\dagger + a_2 - a_2^\dagger}{\sqrt{2}i} \tag{8.14}$$

所以组合式（8.10）和式（8.12）得到

$$(X_1 - X_2)|\eta\rangle = \sqrt{2}\eta_1|\eta\rangle \tag{8.15}$$
$$(P_1 + P_2)|\eta\rangle = \sqrt{2}\eta_2|\eta\rangle \tag{8.16}$$

故 $|\eta\rangle$ 是两粒子相对坐标和总动量的共同本征态——纠缠态．写到这里我们可见 EPR 波函数对应的是态矢量 $\left|\eta_1 = -\frac{x_0}{\sqrt{2}}, \eta_2 = 0\right\rangle$，一个特殊的纠缠态．

$|\eta\rangle$ 的完备性为

$$\int \frac{\mathrm{d}^2\eta}{\pi}|\eta\rangle\langle\eta| = 1 \quad (\mathrm{d}^2\eta \equiv \mathrm{d}\eta_1\mathrm{d}\eta_2) \tag{8.17}$$

这可由有序算符内的积分方法.

证明 鉴于双模真空态的正规乘积形式是

$$|00\rangle \langle 00| =: e^{-a_1^\dagger a_1 - a_2^\dagger a_2} : \tag{8.18}$$

故

$$\int \frac{d^2\eta}{\pi} |\eta\rangle \langle \eta|$$

$$= \int \frac{d^2\eta}{\pi} \exp\left(-|\eta|^2 + \eta a_1^\dagger - \eta^* a_2^\dagger + a_1^\dagger a_2^\dagger\right) |00\rangle \langle 00| \exp\left(\eta^* a_1 - \eta a_2 + a_1 a_2\right)$$

$$= \int \frac{d^2\eta}{\pi} \exp\left(-|\eta|^2 + \eta a_1^\dagger - \eta^* a_2^\dagger + a_1^\dagger a_2^\dagger\right) : e^{-a_1^\dagger a_1 - a_2^\dagger a_2} : \exp\left(\eta^* a_1 - \eta a_2 + a_1 a_2\right)$$

$$= \int \frac{d^2\eta}{\pi} : e^{-(\eta^* - a_1^\dagger + a_2)(\eta - a_1 + a_2^\dagger)} := 1 \tag{8.19}$$

正交性证明如下:

鉴于式（8.10）有

$$\langle \eta'| \left(a_1 - a_2^\dagger\right) |\eta\rangle = \eta \langle \eta'| \eta\rangle \tag{8.20}$$

取式（8.12）的共轭又有

$$\langle \eta'| \left(a_1 - a_2^\dagger\right) |\eta\rangle = \eta' \langle \eta'| \eta\rangle \tag{8.21}$$

两式相减得到

$$(\eta - \eta') \langle \eta'| \eta\rangle = 0 \tag{8.22}$$

同理, 由式（8.12）又得到

$$\langle \eta'| \left(a_1^\dagger - a_2\right) |\eta\rangle = \eta^* \langle \eta'| \eta\rangle \tag{8.23}$$

取式（8.10）的共轭又有

$$\langle \eta'| \left(a_1^\dagger - a_2\right) |\eta\rangle = \eta'^* \langle \eta'| \eta\rangle \tag{8.24}$$

两式相减得到

$$(\eta^* - \eta'^*) \langle \eta'| \eta\rangle = 0 \tag{8.25}$$

联想到 $x\delta(x) = 0$, 并顾及完备性中的 π, 故式（8.22）和式（8.25）的解是

$$\langle \eta'| \eta\rangle = \pi\delta(\eta^* - \eta'^*)\delta(\eta - \eta') \tag{8.26}$$

可以进一步看出

$$|\eta\rangle\langle\eta| = \pi\delta\left(\eta_1 - \frac{X_1 - X_2}{\sqrt{2}}\right)\delta\left(\eta_2 - \frac{P_1 + P_2}{\sqrt{2}}\right) \tag{8.27}$$

可见爱因斯坦等三人的文章（曾被推选为宇宙中第五篇最伟大的论文）所关注的量子态 $|\eta\rangle$ 是归一化为 δ 函数,因而是非物理的,以此态为基础来讨论这件事是否违背因果性似乎是隔靴抓痒. EPR 的文章缺乏这个态,可谓浅尝辄止,甚为可惜. 这也应验了爱因斯坦自己所说的:"在几年独立的科学研究之后,我才逐渐明白了在科学探索的过程中,通向更深入的道路是同最精密的数学方法联系在一起的."我们的讨论说明以数学的严密性来深入审视量子纠缠是必要的. 量子态是否归一是很重要的考量,例如相干态的归一化是非奇异的,因此可以实现,这就是激光. 相干态是光子湮灭算符本征态,而光子产生算符本征态的归一化是奇异的. 坐标本征态也是归一化为 δ 函数,所以不可能精确地测坐标.

$\langle\eta|$ 表象不但反映了两粒子相对坐标和总动量的纠缠,也可体现"相-关联振幅"纠缠. 具体说明如下. 由式（8.10）可见

$$\left(a_1 - a_2^\dagger\right)\left(a_1^\dagger - a_2\right)|\eta\rangle = |\eta|^2\,|\eta\rangle \tag{8.28}$$

我们称双模算符 $\left(a_1 - a_2^\dagger\right)\left(a_1^\dagger - a_2\right)$ 是关联振幅算符,因为其本征值是振幅 $|\eta|$ 的平方,结合（）看就认识到存在相-关联振幅纠缠. 为了更透彻地说明这一点,求 $a_1 - a_2^\dagger \equiv A$ 的极分解:

$$a_1 - a_2^\dagger = \sqrt{A^\dagger A}\,e^{i\phi}, \quad e^{i\phi} = \sqrt{\frac{a_1 - a_2^\dagger}{a_1^\dagger - a_2}}, \quad e^{i\phi}\,|\eta\rangle = e^{i\phi}\,|\eta\rangle, \quad \eta = |\eta|e^{i\phi} \tag{8.29}$$

$\sqrt{A^\dagger A}$ 是对应于 $|\eta|$ 的算符:

$$A^\dagger A \equiv \left(a_1^\dagger - a_2\right)\left(a_1 - a_2^\dagger\right) = AA^\dagger, \quad A^\dagger A\,|\eta\rangle = |\eta|^2\,|\eta\rangle$$

鉴于

$$\left[A^\dagger A,\ e^{i\phi}\right] = 0$$

所以式（8.28）和（8.29）表明 $|\eta\rangle$ 态体现相 $e^{i\hat{\phi}}$ 与关联振幅 $A^\dagger A$ 之间的纠缠.

8.3　$|\eta\rangle$ 的施密特分解

可以推导出在坐标表象中 $|\eta\rangle$ 的施密特（Schmidt）分解：

$$|\eta\rangle = \mathrm{e}^{-\mathrm{i}\eta_1\eta_2} \int_{-\infty}^{\infty} \mathrm{d}x\, |x\rangle_1 \otimes \left|x - \sqrt{2}\eta_1\right\rangle_2 \mathrm{e}^{\mathrm{i}x\sqrt{2}\eta_2}$$

以及在动量表象中 $|\eta\rangle$ 的施密特分解：

$$|\eta\rangle = \mathrm{e}^{-\mathrm{i}\eta_1\eta_2} \int_{-\infty}^{\infty} \mathrm{d}p\, \left|p + \sqrt{2}\eta_2\right\rangle_1 \otimes |-p\rangle_2 \,\mathrm{e}^{-\mathrm{i}p\sqrt{2}\eta_1}$$

这给出了纠缠的数学方式. 当测量到第一个粒子发现处于 $|x\rangle_1$，则第二个粒子塌缩到 $\left|x - \sqrt{2}\eta_1\right\rangle_2$；而当测量第二个粒子发现处于 $|-p\rangle_2$，则第一个粒子随着塌缩到 $\left|p + \sqrt{2}\eta_2\right\rangle_1$.

8.4　与 $|\eta\rangle$ 共轭的表象 $|\xi\rangle$

其实，与两粒子相对应坐标和总动量这一对量也还存在着另一对共轭量，即两粒子质心坐标和相对动量，这两组互为共轭的量也是不能同时精确确定的，所以海森伯的理论并没有被爱因斯坦彻底驳倒. 鉴于 $\{(X_1 - X_2), (P_1 + P_2)\}$ 与 $\{(P_1 - P_2), (X_1 + X_2)\}$ 互为共轭, 用同一方法我们可以构造与 $|\eta\rangle$ 互为共轭的态矢量 $|\xi\rangle$, 则

$$|\xi\rangle = \exp\left(-\frac{1}{2}|\xi|^2 + \xi a_1^\dagger + \xi^* a_2^\dagger - a_1^\dagger a_2^\dagger\right)|00\rangle \quad (\xi = \xi_1 + \mathrm{i}\xi_2) \tag{8.30}$$

其完备性也是正态分布形式

$$\int \frac{\mathrm{d}^2\xi}{\pi}|\xi\rangle\langle\xi| = \int \frac{\mathrm{d}^2\xi}{\pi} : \mathrm{e}^{-\left(\xi - a_1 - a_2^\dagger\right)\left(\xi^* - a_1^\dagger - a_2\right)} := 1 \tag{8.31}$$

$|\xi\rangle$ 满足的本征态方程是

$$\left(a_1 + a_2^\dagger\right)|\xi\rangle = \xi|\xi\rangle, \quad \left(a_2 + a_1^\dagger\right)|\xi\rangle = \xi^*|\xi\rangle$$

或

$$(P_1 - P_2)|\xi\rangle = \sqrt{2}\xi_1|\xi\rangle, \quad (X_1 + X_2)|\xi\rangle = \sqrt{2}\xi_2|\xi\rangle \tag{8.32}$$

所以其正交性是

$$\langle \xi' \mid \xi \rangle = \pi \delta \left(\xi' - \xi \right) \delta \left(\xi'^* - \xi^* \right) \tag{8.33}$$

或

$$|\xi\rangle \langle \xi| = \pi \delta \left(\xi_1 - \frac{X_1 + X_2}{\sqrt{2}} \right) \delta \left(\xi_2 - \frac{P_1 - P_2}{\sqrt{2}} \right) \tag{8.34}$$

$|\eta\rangle$ 与 $|\xi\rangle$ 互为共轭, 其内积为

$$\langle \eta \mid \xi \rangle = \frac{1}{2} \mathrm{e}^{\left(\xi \eta^* - \xi^* \eta \right)/2} \tag{8.35}$$

这是一个复分数傅里叶变换的核.

8.5　纠缠态表象作为双模压缩算符的自然表象

纠缠态表象的提出有广阔的应用前景. 例如, 在 $|\eta\rangle$ 表象中将 $\eta \to \eta/\mu$, 构建如下 ket-bra 并用 IWOP 方法积分得

$$
\begin{aligned}
S_2 &\equiv \int \frac{\mathrm{d}^2 \eta}{\mu\pi} \, |\eta/\mu\rangle \langle \eta| \\
&= \int \frac{\mathrm{d}^2 \eta}{\mu\pi} \exp \left(-\frac{1}{2} \left| \frac{\eta}{\mu} \right|^2 + \frac{\eta}{\mu} a_1^\dagger - \frac{\eta^*}{\mu} a_2^\dagger + a_1^\dagger a_2^\dagger \right) |00\rangle \\
&\quad \times \langle 00| \exp \left(-\frac{1}{2} |\eta|^2 + \eta^* a_1 - \eta a_2 + a_1 a_2 \right) \\
&= \operatorname{sech} \lambda \mathrm{e}^{-a_1^\dagger a_2^\dagger \tanh \lambda} : \mathrm{e}^{(\operatorname{sech} \lambda - 1)\left(a_1^\dagger a_1 + a_2^\dagger a_2 \right)} : \mathrm{e}^{a_1 a_2 \tanh \lambda} \\
&= \exp \left[\lambda \left(a_1 a_2 - a_1^\dagger a_2^\dagger \right) \right] \quad (\mu = \mathrm{e}^\lambda)
\end{aligned}
\tag{8.36}
$$

右边恰是双模压缩算符. 这表明纠缠态与双模压缩有内在的联系, 量子光学的实验确实认可了这一点, 即在参量下转换过程中形成了一个双模压缩态的闲置模和信号模, 它们同时又是纠缠的. 上式 "以简洁明快的方式表达了物理规律". 从式 (8.26) 和式 (8.36) 可见

$$
\begin{aligned}
S_2 |\eta\rangle &= \int \frac{\mathrm{d}^2 \eta'}{\mu\pi} \, |\eta'/\mu\rangle \langle \eta'| \eta \rangle \\
&= \int \frac{\mathrm{d}^2 \eta'}{\mu} \, |\eta'/\mu\rangle \delta \left(\eta^* - \eta'^* \right) \delta \left(\eta - \eta' \right) = \frac{1}{\mu} |\eta/\mu\rangle
\end{aligned}
\tag{8.37}
$$

即纠缠态表象是双模压缩算符的自然表象.

可以小结如下:我们直接从 EPR 文的波函数导出态矢量 ψ, 建立其表象——纠缠态表象, 发现它是归一化为 δ 函数, 这说明 EPR 文中关注的波函数所对应的量子态是非物理的, 即实验上不能实现的态. 让我们回到 EPR 文章中看一段话, 爱因斯坦三人说:"在量子力学里……波函数确实是包含了处在它所对应的状态中的系统的物理实在的一种完备描述……" 正是由于他们只考虑波函数而没有直接以状态(态矢量)为其讨论的基础, 才导致了 EPR 文章的百密一疏. 换而言之, 爱因斯坦所说的"鬼魅般的超距作用"就测量两粒子坐标和动量而言其实并不存在(至于内禀自旋的纠缠则另当别论).

EPR 论文的结束语写道: "虽然我们这样证明了波函数并不对物理实在提供一个完备的描述, 我们还是没有解决是否存在这样一种完备的描述的问题. 但是我们相信, 存在这样一种理论是可能的." 本书中纠缠态表象理论的建立证实了他们这个信念.

8.6　纠缠态表象用于描写超导约瑟夫森结

在 8.2 节中已经指出, 纠缠态表象的另一优点是可以显示振幅–位相之间的关联, 因为有如下的本征方程

$$\left(a_1 - a_2^\dagger\right)\left(a_1^\dagger - a_2\right)|\eta\rangle = |\eta|^2\,|\eta\rangle$$

和

$$\mathrm{e}^{\mathrm{i}\Phi}\,|\eta\rangle = \mathrm{e}^{\mathrm{i}\varphi}\,|\eta\rangle$$

这里

$$\mathrm{e}^{\mathrm{i}\Phi} = \sqrt{\frac{a_1 - a_2^\dagger}{a_1^\dagger - a_2}} \tag{8.38}$$

是纠缠相算符

$$\left[\left(a_1 - a_2^\dagger\right),\left(a_1^\dagger - a_2\right)\right] = 0$$
$$\left[\mathrm{e}^{\mathrm{i}\Phi},\left(a_1 - a_2^\dagger\right)\left(a_1^\dagger - a_2\right)\right] = 0$$

所以它们可以同在一个屋檐 $\sqrt{}$ 下. $\mathrm{e}^{\mathrm{i}\Phi}$ 是幺正的, 相角算符 Φ 是厄密共轭(Hermitian)的. 再引入算符

$$L_z \equiv \hbar\left(a_2^\dagger a_2 - a_1^\dagger a_1\right) \tag{8.39}$$

可见

$$\langle\eta|\,L_z = -\mathrm{i}\hbar\frac{\partial}{\partial\varphi}\,\langle\eta| \tag{8.40}$$

说明

$$\langle\eta|\,[\Phi,L_z] = \left[\varphi,-\mathrm{i}\hbar\frac{\partial}{\partial\varphi}\right]\langle\eta| = \mathrm{i}\hbar\,\langle\eta|\,,\ \to [\Phi,L_z] = \mathrm{i}\hbar \tag{8.41}$$

所以形式上, Φ 和 L_z 是正则共轭的. 以上的关系可以用来建立一个描写超导约瑟夫森结动力学机制的哈密顿模型. 约瑟夫森在 20 世纪 60 年代发现, 当两块超导体中间夹一层厚度小于 1 nm 的绝缘层 (称为约瑟夫森结) 时, 就会发生电子跨越此结的隧道贯穿效应. 费曼解释认为 "电子的行为, 以这种或那种的方式, 是成对地表现的, 人们可以把这些 '对' 想象为粒子, 于是就可以谈及 '对' 的波函数". 他又说: "一个束缚对的行为宛如一个玻色粒子." 既然电子对是玻色子, 几乎所有的 "对" 都会精确地 "锁" 在同一个最低的能态上, 于是费曼认为隧道流效应的产生是因为两块超导体之间的相位差发挥了作用. 我们可以构建哈密顿量

$$H = \frac{1}{2C}\left[2\mathrm{e}\left(a_2^\dagger a_2 - a_1^\dagger a_1\right)\right]^2 + E_{\mathrm{j}}\left(1-\cos\Phi\right) \quad \left(\cos\Phi = \frac{\mathrm{e}^{\mathrm{i}\Phi}+\mathrm{e}^{-\mathrm{i}\Phi}}{2}\right)$$

$E_{\mathrm{j}}\cos\Phi$ 代表隧道贯穿, E_{j} 是耦合常数, $\cos\Phi$ 是厄密相算符, C 是约瑟夫森结的小电容, $2\mathrm{e}$ 是电子对的电荷. 将 H 投影在 $\langle\eta|$ 表象, 得到

$$\langle\eta|\,H = \left[-\frac{E_{\mathrm{c}}}{2}\cdot\frac{\partial^2}{\partial\varphi^2} + E_{\mathrm{j}}\left(1-\cos\varphi\right)\right]\langle\eta| \quad \left(E_{\mathrm{c}} = \frac{(2\mathrm{e})^2}{C}\right)$$

用海森伯方程可以导出约瑟夫森结方程. 还可看出测不准关系

$$\Delta\left(a_2^\dagger a_2 - a_1^\dagger a_1\right)\Delta\cos\Phi \geqslant \frac{1}{2}\Delta\sin\Phi$$

右边的不为零就表示了隧道流的存在.

8.7 广义纠缠态

用 IWOP 方法可以导出广义纠缠态.

在完备性关系

$$\int\frac{\mathrm{d}^2\eta}{\pi}:\mathrm{e}^{-(\eta^*-a_1^\dagger+a_2)(\eta-a_1+a_2^\dagger)}:\,=1$$

中作替代

$$a_1 \to s^*a_1 - ra_2^\dagger,\ \ a_2 \to s^*a_2 - ra_1^\dagger \tag{8.42}$$

其中, s 与 r 是复数, 满足 $|s|^2 - |r|^2 = 1$, 有

$$
1 = \int \frac{\mathrm{d}^2\eta}{\pi} : \exp\left\{ -\left[\eta^* - \left(sa_1^\dagger - r^*a_2\right) + \left(s^*a_2 - ra_1^\dagger\right)\right] \right.
$$

$$
\left. \times \left[\eta - \left(s^*a_1 - ra_2^\dagger\right) + \left(sa_2^\dagger - r^*a_1\right)\right] \right\} :
$$

$$
= \int \frac{\mathrm{d}^2\eta}{|s+r|^2\,\pi} : \exp\left\{ -\frac{1}{|s+r|^2}\left[\eta^* - (s+r)\,a_1^\dagger + (s^*+r^*)\,a_2\right] \right.
$$

$$
\left. \times \left[\eta - (s^*+r^*)\,a_1 + (s+r)\,a_2^\dagger\right] \right\} : \tag{8.43}
$$

在第二步出现了 $\dfrac{1}{|s+r|^2}$ 是积分变量变化的结果以保证在整个指数展开后见到
$|00\rangle\langle 00| =: \mathrm{e}^{-a_1^\dagger a_1 - a_2^\dagger a_2} :$. 然后安排所有产生算符在 $|00\rangle\langle 00|$ 左边, 而所有湮灭
算符在其右边, 并注意到

$$
\frac{1}{|s+r|^2} = \frac{s^*-r^*}{2\,(s^*+r^*)} + \frac{s-r}{2\,(s+r)} \tag{8.44}
$$

我们立即得到

$$
式(8.43) = \int \frac{\mathrm{d}^2\eta}{\pi}\,|\eta\rangle_{s,r}\,{}_{s,r}\langle\eta| = 1 \tag{8.45}
$$

这里 $|\eta\rangle_{s,r}$ 的显式是

$$
|\eta\rangle_{s,r} = \frac{1}{s^*+r^*}\exp\left[-\frac{s^*-r^*}{2\,(s^*+r^*)}\,|\eta|^2 \right.
$$

$$
\left. + \frac{\eta a_1^\dagger}{s^*+r^*} - \frac{\eta^* a_2^\dagger}{s^*+r^*} + \frac{s+r}{s^*+r^*}\,a_1^\dagger a_2^\dagger \right]|00\rangle \tag{8.46}
$$

是一个参量化的纠缠态. 可见

$$
a_1\,|\eta\rangle_{s,r} = \left(\frac{\eta}{s^*+r^*} + \frac{s+r}{s^*+r^*}\,a_2^\dagger \right)|\eta\rangle_{s,r}
$$

$$
a_2\,|\eta\rangle_{s,r} = \left(-\frac{\eta^*}{s^*+r^*} + \frac{s+r}{s^*+r^*}\,a_1^\dagger \right)|\eta\rangle_{s,r} \tag{8.47}
$$

故 $|\eta\rangle_{s,r}$ 满足本征方程

$$
\left[(s^*+r^*)\,a_1 - (s+r)\,a_2^\dagger\right]|\eta\rangle_{s,r} = \eta\,|\eta\rangle_{s,r}
$$

$$
\left[(s^*+r^*)\,a_2 - (s+r)\,a_1^\dagger\right]|\eta\rangle_{s,r} = -\eta^*\,|\eta\rangle_{s,r} \tag{8.48}
$$

再引入

$$
s = \frac{1}{2}\left[A + D - \mathrm{i}\,(B - C)\right], \quad r = \frac{1}{2}\left[A - D + \mathrm{i}\,(B + C)\right] \tag{8.49}
$$

将 $|s|^2 - |r|^2 = 1$ 变为 $AD - BC = 1$, 则本征方程变为

$$[A(P_1 + P_2) - C(X_1 + X_2)]|\eta\rangle_{s,r} = \sqrt{2}\eta_2|\eta\rangle_{s,r}$$
$$[A(X_1 - X_2) + C(P_1 - P_2)]|\eta\rangle_{s,r} = \sqrt{2}\eta_1|\eta\rangle_{s,r} \tag{8.50}$$

这里 $\eta = \eta_1 + \mathrm{i}\eta_2$, 而且 $|\eta\rangle_{s,r}$ 可记为

$$\begin{aligned}|\eta\rangle_{s,r} = &\frac{1}{A - \mathrm{i}C}\exp\left[-\frac{D + \mathrm{i}B}{2(A - \mathrm{i}C)}|\eta|^2\right.\\&\left.+ \frac{\eta a_1^\dagger}{A - \mathrm{i}C} - \frac{\eta^* a_2^\dagger}{A - \mathrm{i}C} + \frac{A + \mathrm{i}C}{A - \mathrm{i}C}a_1^\dagger a_2^\dagger\right]|00\rangle\end{aligned} \tag{8.51}$$

从本征方程 (8.48) 可知 $|\eta\rangle_{s,r}$ 是正交的, 可以构成新表象:

$$_{s,r}\langle\eta|\eta'\rangle_{s,r} = \pi\delta(\eta - \eta')\delta(\eta^* - \eta'^*) \equiv \pi\delta^{(2)}(\eta - \eta') \tag{8.52}$$

8.8 双模菲涅耳算符

作为 $|\eta\rangle_{s,r}$ 的应用, 构建积分用 IWOP 方法得到

$$\begin{aligned}F_2(r,s) \equiv &\int\frac{\mathrm{d}^2\eta}{\pi}|\eta\rangle_{s,r}\langle\eta|\\= &\frac{1}{s^* + r^*}\int\frac{\mathrm{d}^2\eta}{\pi}\exp\left[-\frac{s^* - r^*}{2(s^* + r^*)}|\eta|^2 + \frac{\eta a_1^\dagger}{s^* + r^*} - \frac{\eta^* a_2^\dagger}{s^* + r^*} + \frac{s + r}{s^* + r^*}a_1^\dagger a_2^\dagger\right]\\&\times|00\rangle\langle00|\exp\left(-\frac{1}{2}|\eta|^2 + \eta^* a_1 - \eta a_2 + a_2 a_1\right)\\= &\frac{1}{s^* + r^*}\int\frac{\mathrm{d}^2\eta}{\pi}:\exp\left\{-\frac{s^*}{s^* + r^*}|\eta|^2 + \frac{\eta\left[a_1^\dagger - (s^* + r^*)a_2\right]}{s^* + r^*}\right.\\&\left.+ \frac{\eta^*\left[a_1(s^* + r^*) - a_2^\dagger\right]}{s^* + r^*} + \frac{s + r}{s^* + r^*}a_1^\dagger a_2^\dagger + a_2 a_1 - a_2^\dagger a_2 - a_1^\dagger a_1\right\}:\\= &\frac{1}{s^*}:\exp\left[\frac{r}{s^*}a_1^\dagger a_2^\dagger + \left(\frac{1}{s^*} - 1\right)\left(a_1 a_1^\dagger + a_2 a_2^\dagger\right) - \frac{r^* a_1 a_2}{s^*}\right]:\\= &\exp\left(\frac{r}{s^*}a_1^\dagger a_2^\dagger\right)\exp\left[\left(a_1^\dagger a_1 + a_2^\dagger a_2 + 1\right)\ln(s^*)^{-1}\right]\exp\left(-\frac{r^*}{s^*}a_1 a_2\right)\end{aligned} \tag{8.53}$$

$F_2(r,s)$ 是一个广义双模压缩算符. 用正交性得到

$$F_2(r,s)|\eta\rangle = \int\frac{\mathrm{d}^2\eta'}{\pi}|\eta'\rangle_{s,r}\langle\eta'|\eta\rangle = |\eta\rangle_{s,r} \tag{8.54}$$

故而 $F_2(r,s)$ 将 $|\eta\rangle$ 压缩为 $|\eta\rangle_{s,r}$.

用类似方法, 我们可得共轭于 $|\eta\rangle_{s,r}$ 的态矢量

$$
\begin{aligned}
|\xi\rangle_{s,r} = {} & \frac{1}{s^* - r^*} \exp\bigg[-\frac{s^* + r^*}{2(s^* - r^*)}\,|\xi|^2 \\
& + \frac{\xi a_1^\dagger}{s^* - r^*} + \frac{\xi^* a_2^\dagger}{s^* - r^*} - \frac{s - r}{s^* - r^*} a_1^\dagger a_2^\dagger \bigg]|00\rangle
\end{aligned}
\tag{8.55}
$$

我们可以证明

$$
|\xi\rangle_{s,r} = F_2(r,s)\,|\xi\rangle
\tag{8.56}
$$

这里 $|\xi\rangle$ 共轭于 $|\eta\rangle$.

第 9 章　量子转动理论

9.1　将经典欧拉转动映射到量子转动算符

定义一个固定在空间的坐标系叫作空间坐标系以及一个跟随矢量 r 运动的坐标系叫作本体坐标系. 先将矢量坐标系绕 z 轴转 α 角, 再将矢量 r 绕新的本体坐标系的 y' 轴转 β 角, 最后绕本征坐标系的 z'' 轴转 γ 角, 最终的转动效果即为三种转动效果的合成, 即有

$$r' = R_z(\alpha) R_y(\beta) R_z(\gamma) r \tag{9.1}$$

其中

$$R_z(\alpha) = \begin{pmatrix} \cos\alpha & -\sin\alpha & 0 \\ \sin\alpha & \cos\alpha & 0 \\ 0 & 0 & 1 \end{pmatrix}, \quad R_y(\beta) = \begin{pmatrix} \cos\beta & 0 & \sin\beta \\ 0 & 1 & 0 \\ -\sin\beta & 0 & \cos\beta \end{pmatrix} \tag{9.2}$$

$$R_z(\gamma) = \begin{pmatrix} \cos\gamma & -\sin\gamma & 0 \\ \sin\gamma & \cos\gamma & 0 \\ 0 & 0 & 1 \end{pmatrix}$$

于是经典欧拉转动矩阵 M 为

$$
\begin{aligned}
&M(\alpha, \beta, \gamma) \\
&\equiv R_z(\alpha) R_y(\beta) R_z(\gamma) \\
&= \begin{pmatrix} \cos\alpha\cos\beta\cos\gamma - \sin\alpha\sin\gamma & -\cos\alpha\cos\beta\sin\gamma - \sin\alpha\cos\gamma & \cos\alpha\sin\beta \\ \sin\alpha\cos\beta\cos\gamma + \cos\alpha\sin\gamma & -\sin\alpha\cos\beta\sin\gamma + \cos\alpha\cos\gamma & \sin\alpha\sin\beta \\ -\sin\beta\cos\gamma & \sin\beta\sin\gamma & \cos\beta \end{pmatrix}
\end{aligned}
\tag{9.3}
$$

那么经典转动如何过渡到量子转动呢? 我们再次请表象帮忙, 即以三维坐标

本征态表象为基础构造 ket-bra 算符

$$D(M) = \int \mathrm{d}^3 \boldsymbol{r} \, |M(\alpha, \beta, \gamma) \boldsymbol{r}\rangle \langle \boldsymbol{r}| \quad ((M\boldsymbol{r})_i = M_{ij} x_j, \quad \boldsymbol{r} = (x_1, x_2, x_3)) \quad (9.4)$$

然后用 IWOP 方法积分得到（注意转动保持矢量长度不变）

$$D(M) = \pi^{-3/2} \int \mathrm{d}^3 \boldsymbol{r} \exp \left(-x_i^2 + \sqrt{2} a_i^\dagger M_{ij} x_j - \frac{a_i^{\dagger 2}}{2} \right) |000\rangle$$

$$\times \langle 000| \exp \left(\sqrt{2} a_i x_i - \frac{a_i^2}{2} \right)$$

$$=: \exp \left[\begin{pmatrix} a_1^\dagger & a_2^\dagger & a_3^\dagger \end{pmatrix} (M-1) \begin{pmatrix} a_1 \\ a_2 \\ a_3 \end{pmatrix} \right] : \quad (9.5)$$

再用算符恒等式（6.9）得到

$$D(M) = \exp \left[a_i^\dagger (\ln M)_{ij} a_j \right] \quad (9.6)$$

用线性代数的对角化方法得到

$$\ln \boldsymbol{M} = \frac{\psi}{\sin \dfrac{\psi}{2}} \begin{pmatrix} 0 & \mp \cos \dfrac{\beta}{2} \sin \dfrac{\alpha+\gamma}{2} & \pm \sin \dfrac{\beta}{2} \cos \dfrac{\alpha-\gamma}{2} \\ \mp \cos \dfrac{\beta}{2} \sin \dfrac{\alpha+\gamma}{2} & 0 & \pm \sin \dfrac{\beta}{2} \sin \dfrac{\alpha-\gamma}{2} \\ \mp \sin \dfrac{\beta}{2} \cos \dfrac{\alpha-\gamma}{2} & \mp \sin \dfrac{\beta}{2} \sin \dfrac{\alpha-\gamma}{2} & 0 \end{pmatrix}$$

$$(9.7)$$

它是一个反对称矩阵, 其中

$$\cos \frac{\psi}{2} = \cos \frac{\beta}{2} \cos \frac{\alpha+\gamma}{2} \quad (9.8)$$

$$\sin \frac{\psi}{2} = \pm \sqrt{1 - \cos^2 \frac{\beta}{2} \cos^2 \frac{\alpha+\gamma}{2}} \quad (9.9)$$

这里我们规定 $\cos \dfrac{\psi}{2}$ 和 $\cos \dfrac{\beta}{2} \cos \dfrac{\alpha+\gamma}{2}$ 同号, 即有这里 $-\pi \leqslant \dfrac{\psi}{2} \leqslant \pi$. 此时对于每个 $\cos \dfrac{\psi}{2}$ 都有两个 ψ 与之对应, 所以要注意一下 ψ 的取值范围, 当 $-\pi \leqslant \dfrac{\psi}{2} \leqslant 0$ 时, $\sin \dfrac{\psi}{2}$ 取负值, 当 $0 \leqslant \dfrac{\psi}{2} \leqslant \pi$ 时, $\sin \dfrac{\psi}{2}$ 取正值. 就可把式（9.6）改写为

$$D(M) = \int \mathrm{d}^3 \boldsymbol{r} \, |M(\alpha, \beta, \gamma) \boldsymbol{r}\rangle \langle \boldsymbol{r}| = \exp [\mathrm{i} \psi \boldsymbol{n} \cdot \boldsymbol{J}] \quad (9.10)$$

其中方向矢量 $\boldsymbol{n}$ 代表转动轴,

$$\boldsymbol{n} = \left(\pm \frac{\sin \dfrac{\beta}{2} \sin \dfrac{\alpha-\gamma}{2}}{\sin \dfrac{\psi}{2}}, \mp \frac{\sin \dfrac{\beta}{2} \cos \dfrac{\alpha-\gamma}{2}}{\sin \dfrac{\psi}{2}}, \mp \frac{\cos \dfrac{\beta}{2} \sin \dfrac{\alpha+\gamma}{2}}{\sin \dfrac{\psi}{2}} \right) \quad (9.11)$$

角动量算符

$$\boldsymbol{J} = \mathrm{i}\left(a_3^\dagger a_2 - a_2^\dagger a_3, \ a_1^\dagger a_3 - a_3^\dagger a_1, \ a_1^\dagger a_2 - a_2^\dagger a_1\right) \tag{9.12}$$

其三分量

$$J_1 = \mathrm{i}\left(a_3^\dagger a_2 - a_2^\dagger a_3\right) = x_2 p_3 - x_3 p_2 \tag{9.13}$$

$$J_2 = \mathrm{i}\left(a_1^\dagger a_3 - a_3^\dagger a_1\right) = x_3 p_1 - x_1 p_3$$

$$J_3 = \mathrm{i}\left(a_1^\dagger a_2 - a_2^\dagger a_1\right) = x_1 p_2 - x_2 p_1$$

更详细内容可参见 Chinese Physics, 2001 (0380). 本节的运算表明, 经典转动映射为量子转动, 用 IWOP 积分可直接导出角动量算符和转动算符及转轴. 此即为量子转动算符 $\exp[\mathrm{i}\psi\boldsymbol{n}\cdot\boldsymbol{J}]$ 的具体表达式, 其中 ψ 为转角, $\boldsymbol{n}$ 则是转动轴的方向矢量, 而 $\boldsymbol{J}$ 恰好是三维角动量算符, 可以算得

$$[J_1, J_2] = \mathrm{i}J_3, \tag{9.14}$$

$$[J_2, J_3] = \mathrm{i}J_1, \quad [J_3, J_1] = \mathrm{i}J_2 \tag{9.15}$$

总结: 我们把经典欧氏转动 $\boldsymbol{r} \to R\boldsymbol{r}$ 直接映射为量子算符 $\int \mathrm{d}^3\boldsymbol{r}\,|R\boldsymbol{r}\rangle\,\langle\boldsymbol{r}|$, 通过有序算符内的积分方法发现必须求 $\ln R$, $\ln R$ 恰好能把由 3 个参数 α,β,γ 描写的转动等价为绕 $\boldsymbol{n}$ 轴转 ψ 角的一次转动, ψ 与 $\boldsymbol{n}$ 是在对角化 $\ln R$ 时自动出现的, 角动量算符 $\boldsymbol{J}$ 也是在积分 $\int \mathrm{d}^3\boldsymbol{r}\,|R\boldsymbol{r}\rangle\,\langle\boldsymbol{r}|$ 时自动出现的, 这些都体现了理论物理的魅力. 在本节最后我们指出, 在球极坐标中, 由式 (9.13) 知

$$J_1 = \mathrm{i}\hbar\left(\sin\frac{\partial}{\partial\theta} + \cot\theta\cos\varphi\frac{\partial}{\partial\varphi}\right) \tag{9.16}$$

$$J_2 = \mathrm{i}\hbar\left(-\cos\varphi\frac{\partial}{\partial\theta} + \cot\theta\sin\varphi\frac{\partial}{\partial\varphi}\right) \tag{9.17}$$

$$J_3 = -\mathrm{i}\hbar\frac{\partial}{\partial\varphi} \tag{9.18}$$

$$J^2 = J_1^2 + J_2^2 + J_3^2 = -\hbar^2\left[\frac{1}{\sin\theta}\cdot\frac{\partial}{\partial\theta}\left(\sin\theta\frac{\partial}{\partial\theta}\right) + \frac{1}{\sin^2\theta}\cdot\frac{\partial^2}{\partial\varphi^2}\right] \tag{9.19}$$

所以 J^2 与 J_3 有共同本征态

$$J_3\psi(\theta, \varphi) = m\psi(\theta, \varphi) \tag{9.20}$$

即

$$-\mathrm{i}\hbar\frac{\partial\psi}{\partial\varphi} = m\hbar\psi \tag{9.21}$$

其解为

$$\psi = \Theta\left(\theta\right) e^{im\varphi} \tag{9.22}$$

由周期边界条件 $\psi\left(\varphi+2\pi\right) = \psi\left(\varphi\right)$，因此量子数 $m = 0, \pm 1, \pm 2, \cdots$，而 $\Theta\left(\theta\right)$ 由本征方程 $J^2\psi\left(\theta,\varphi\right) = j\left(j+1\right)\psi\left(\theta,\varphi\right)$ 决定

$$\left[\frac{1}{\sin\theta}\cdot\frac{\partial}{\partial\theta}\left(\sin\theta\frac{\partial}{\partial\theta}\right) + j\left(j+1\right) - \frac{m^2}{\sin^2\theta}\right]\Theta\left(\theta\right) = 0 \tag{9.23}$$

令 $x = \cos\theta$，记 $\Theta\left(\theta\right) = P\left(z\right)$，

$$\frac{\mathrm{d}}{\mathrm{d}z}\left[\left(1-z^2\right)\frac{\mathrm{d}P}{\mathrm{d}z}\right] + \left(\frac{\lambda}{\hbar^2} - \frac{m^2}{1-z^2}\right)P = 0 \tag{9.24}$$

当 $m = 0$ 时，上式的解为勒让德（Legendre）多项式

$$P_j\left(z\right) = \frac{1}{2^j j!}\cdot\frac{\mathrm{d}^l}{\mathrm{d}z^l}\left(z^2-1\right)^l \tag{9.25}$$

可以直接将它代入式（9.24）来验证.

9.2　用角动量算符的玻色实现显示其量子化

角动量量子化也可以借助谐振子的量子化结果来做. 引入 $J_\pm = J_1 \pm iJ_2, J_z = J_3$，满足

$$[J_z, J_\pm] = \pm\hbar J_\pm, \quad [J_+, J_-] = 2J_z \tag{9.26}$$
$$[J_\pm, J^2] = 0 \tag{9.27}$$

用双模玻色算符来表示 $J_\pm, J_z$（称为施温格（Schwinger）玻色实现）

$$J_- = b^\dagger a, \quad J_+ = a^\dagger b, \quad J_z = \frac{1}{2}\left(a^\dagger a - b^\dagger b\right) \tag{9.28}$$

这里 $[a, a^\dagger] = [b, b^\dagger] = 1$. 用粒子数态来表达 J_z 的本征态

$$\|j, m\rangle = \frac{a^{\dagger j+m} b^{\dagger j-m}}{\sqrt{\left(j+m\right)!\left(j-m\right)!}}\,|00\rangle = |j+m, j-m\rangle \tag{9.29}$$

$|j+m, j-m\rangle$ 是双模粒子数态，所以 $-j \leqslant m \leqslant j$，$\|j, -j\rangle$ 是"基态"

$$\|j, m\rangle = \frac{b^{\dagger 2j}}{\sqrt{\left(2j\right)!}}\,|00\rangle \tag{9.30}$$

可以导出

$$J_z \|j,m\rangle = \frac{1}{2} \left(a^\dagger a - b^\dagger b\right) |j+m, j-m\rangle = m \|j,m\rangle \qquad (9.31)$$

$$\begin{aligned}
J_- \|j,m\rangle &= b^\dagger a \, |j+m, j-m\rangle \\
&= \sqrt{(j+m)(j-m+1)} \, |j+m-1, j-m+1\rangle \\
&= \sqrt{(j+m)(j-m+1)} \, \|j,m-1\rangle
\end{aligned} \qquad (9.32)$$

J_- 是 $\|j,m\rangle$ 的下降算符. 另一方面,

$$\begin{aligned}
J_+ \|j,m\rangle &= a^\dagger b \, |j+m, j-m\rangle \\
&= \sqrt{(j+m+1)(j-m)} \, |j+m+1, j-m-1\rangle \\
&= \sqrt{(j+m+1)(j-m)} \, \|j,m+1\rangle
\end{aligned} \qquad (9.33)$$

J_+ 是 $\|j,m\rangle$ 的上升算符. 还有

$$\begin{aligned}
J_+ J_- \|j,m\rangle &= \sqrt{(j+m)(j-m+1)} J_+ \|j,m-1\rangle \\
&= (j+m)(j-m+1) \|j,m\rangle
\end{aligned} \qquad (9.34)$$

引入

$$J^2 = J_+ J_- + J_z^2 - \hbar J_z \qquad (9.35)$$

可见 $[J^2, J_i] = 0$, 而且

$$J^2 \|j,m\rangle = j(j+1) \|j,m\rangle \qquad (9.36)$$

可见角动量量子化可以借助谐振子的量子化结果来实现, J^2 的本征值是 $j(j+1)$.

9.3　用量子压缩的观点看量子转动
——角动量算符的新玻色实现

由角动量算符的对易关系

$$[J_x, J_y] = \mathrm{i}J_z, \quad [J_+, J_-] = 2J_z, \quad [J_\pm, J_z] = \mp J_\pm \qquad (9.37)$$

这里 $J_\pm = J_x \pm \mathrm{i}J_y$, 并由贝克–豪斯多夫公式可知

$$\mathrm{e}^{2\lambda J_z} J_\pm \mathrm{e}^{-2\lambda J_z} = \mathrm{e}^{\pm 2\lambda} J_\pm \qquad (9.38)$$

另一方面, 由上面所述的双模压缩算符

$$S_2 = \mathrm{e}^{\lambda(a_1^\dagger a_2^\dagger - a_1 a_2)} \tag{9.39}$$

它能诱导出下列的双模压缩变换

$$S_2 a_1 S_2^{-1} = a_1 \cosh\lambda - a_2^\dagger \sinh\lambda, \quad S_2 a_2 S_2^{-1} = a_2 \cosh\lambda - a_1^\dagger \sinh\lambda \tag{9.40}$$

所以存在如下的压缩变换

$$S_2 \left(a_1^\dagger - a_2\right) S_2^{-1} = \left(a_1^\dagger - a_2\right) \mathrm{e}^\lambda, \quad S_2 \left(a_1 - a_2^\dagger\right) S_2^{-1} = \left(a_1 - a_2^\dagger\right) \mathrm{e}^\lambda \tag{9.41}$$

以及

$$S_2 \left(a_1^\dagger - a_2\right)\left(a_1 - a_2^\dagger\right) S_2^{-1} = \mathrm{e}^{2\lambda} \left(a_1^\dagger - a_2\right)\left(a_1 - a_2^\dagger\right) \tag{9.42}$$

另一方面, 我们也可以导出

$$S_2 \left(a_1 + a_2^\dagger\right)\left(a_1^\dagger + a_2\right) S_2^{-1} = \left(a_1 + a_2^\dagger\right)\left(a_1^\dagger + a_2\right) \mathrm{e}^{2\lambda} \tag{9.43}$$

把式（9.42）和式（9.43）与式（9.38）比较, 我们可以认为

$$J_+ = \frac{1}{2} \left(a_1 - a_2^\dagger\right)\left(a_1^\dagger - a_2\right) \tag{9.44}$$

$$J_- = \frac{1}{2} \left(a_1 + a_2^\dagger\right)\left(a_1^\dagger + a_2\right) \tag{9.45}$$

$$J_z = \frac{1}{2} \left(a_1^\dagger a_2^\dagger - a_1 a_2\right) \tag{9.46}$$

这就是用压缩的观点看转动, 而得到转动算符的新的玻色表示. J_+ 与 J_- 是厄密算符, 它们各有自身的本征态, 当我们要求 J_+ 或 J_- 的本征态时, 就会得到纠缠态表象.

实际上

$$J_+ |\eta\rangle = \frac{1}{2} \left(a_1 - a_2^\dagger\right)\left(a_1^\dagger - a_2\right) |\eta\rangle = \frac{|\eta|^2}{2} |\eta\rangle \tag{9.47}$$

$|\eta\rangle$ 也是算符 J_+ 本征态. 也有

$$J_- |\eta\rangle = \frac{1}{2} \left(a_1 + a_2^\dagger\right)\left(a_1^\dagger + a_2\right) |\eta\rangle = -2\frac{\partial^2}{\partial\eta\partial\eta^*} |\eta\rangle \tag{9.48}$$

类似的

$$J_- |\xi\rangle = \frac{1}{2} \left(a_1 + a_2^\dagger\right)\left(a_1^\dagger + a_2\right) |\xi\rangle = \frac{|\xi|^2}{2} |\xi\rangle \tag{9.49}$$

和

$$J_+ |\xi\rangle = \frac{1}{2} \left(a_1 - a_2^\dagger \right) \left(a_1^\dagger - a_2 \right) |\xi\rangle = -2 \frac{\partial^2}{\partial \xi \partial \xi^*} |\xi\rangle \tag{9.50}$$

很显然, 在纠缠态表象中 $\mathrm{e}^{2\lambda J_z}$ 可以作为一个压缩算符

$$\mathrm{e}^{2\lambda J_z} = \int \frac{\mathrm{d}^2 \eta}{\pi \mu} |\eta/\mu\rangle \langle \eta|, \quad \mu = \mathrm{e}^\lambda \tag{9.51}$$

或

$$\mathrm{e}^{2\lambda J_z} = \mu \int \frac{\mathrm{d}^2 \eta}{\pi} |\mu \xi\rangle \langle \xi| \tag{9.52}$$

我们可以看出算符 J_+, J_-, $\mathrm{e}^{2\lambda J_z}$ 能被在纠缠态表象中简洁表达.

第 10 章　纠缠傅里叶变换

众所周知, 傅里叶变换在物理学中有广泛的应用. 本章我们用 IWOP 方法发现纠缠傅里叶变换, 它有广泛的应用.

10.1　一种新的保迹变换

在 7.4 节中已经讲到 Weyl 量子化是把 $e^{\lambda q+\sigma p}$ 量子化为算符 $e^{\lambda Q+\sigma P}$, 若要把 $e^{\lambda q+\sigma p}$ 量子化为算符 $e^{\lambda Q}e^{\sigma P}$, 这是 $\mathfrak{Q}$-排序的, 可用如下积分变换实现:

$$\iint_{-\infty}^{\infty} \mathrm{d}p\mathrm{d}q e^{\lambda q+\sigma p}\delta\left(q-Q\right)\delta\left(p-P\right) = e^{\lambda Q}e^{\sigma P}$$

另一方面, 用傅里叶变换, 式 (3.16) 和 Weyl 排序算符内的积分技术将 $\delta\left(q-Q\right)\delta\left(p-P\right)$ 化为 Weyl 排序:

$$
\begin{aligned}
\delta\left(q-Q\right)\delta\left(p-P\right) &= \frac{1}{4\pi^2}\iint_{-\infty}^{\infty}\mathrm{d}\lambda\mathrm{d}\sigma e^{\mathrm{i}\lambda(q-Q)}e^{\mathrm{i}\sigma(p-P)} \\
&= \frac{1}{4\pi^2}\iint_{-\infty}^{\infty}\mathrm{d}\lambda\mathrm{d}\sigma\,\substack{\vdots\\ \vdots}e^{\mathrm{i}\lambda(q-Q)+\mathrm{i}\sigma(p-P)-\mathrm{i}\lambda\sigma/2}\substack{\vdots\\ \vdots} \\
&= \frac{1}{2\pi}\int\mathrm{d}\sigma\,\substack{\vdots\\ \vdots}\delta\left(q-Q-\frac{\sigma}{2}\right)e^{\mathrm{i}\sigma(p-P)}\substack{\vdots\\ \vdots} \\
&= \frac{1}{\pi}\substack{\vdots\\ \vdots}e^{2\mathrm{i}(q-Q)(p-P)}\substack{\vdots\\ \vdots}
\end{aligned}
\tag{10.1}
$$

类似可得到

$$\delta\left(p-P\right)\delta\left(q-Q\right) = \frac{1}{\pi}\substack{\vdots\\ \vdots}\exp[-2\mathrm{i}\left(q-Q\right)\left(p-P\right)]\substack{\vdots\\ \vdots}$$

所以, 以 $\dfrac{1}{\pi}\substack{\vdots\\ \vdots}\exp[\pm2\mathrm{i}\left(q-Q\right)\left(p-P\right)]\substack{\vdots\\ \vdots}$ 为积分核的变换分别对应算符的 $\mathfrak{Q}$-排序和 $\mathfrak{P}$-排序.

$\delta(p-P)\delta(q-Q)$ 的经典 Weyl 对应是 $e^{-2i(p-p')(q-q')}$, 根据 Weyl 对应式 (7.26) 得到

$$\delta(p-P)\delta(q-Q) = \frac{1}{\pi}\iint_{-\infty}^{\infty} dp'dq'\Delta(q',p')e^{-2i(p-p')(q-q')} \tag{10.2}$$

取其厄密共轭有

$$\delta(q-Q)\delta(p-P) = \frac{1}{\pi}\iint_{-\infty}^{\infty} dp'dq'\Delta(q',p')e^{2i(p-p')(q-q')}$$

称 $\frac{1}{\pi}\exp[\pm 2i(q-q')(p-p')]$ 积分核的变换称为范氏变换, 是一种保迹变换, 其逆变换是

$$\frac{1}{\pi}\iint_{-\infty}^{\infty} dqdp\,\delta(p-P)\delta(q-Q)e^{2i(p-p')(q-q')} = \Delta(q',p') \tag{10.3}$$

小结: 我们指出了对应量子力学基本对易关系存在有积分变换, 当取积分核是 $\frac{1}{\pi}\vdots\exp[\pm 2i(q-Q)(p-P)]\vdots$ 时, 用这类积分变换就可实现算符的三种常用排序规则的相互转化. 我们还导出了此积分核与 Wigner 算符之间的关系.

10.2 𝔔-排序与 𝔓-排序的互换

把 $\delta(q-Q)\delta(p-P)$ 重新写为

$$\delta(q-Q)\delta(p-P) = |q\rangle\langle q|\,p\rangle\langle p| = \frac{1}{\sqrt{2\pi}}|q\rangle\langle p|e^{ipq} \tag{10.4}$$

转为 𝔓-排序（P 在 Q 左）

$$\begin{aligned}
\delta(q-Q)\delta(p-P) &= \iint_{-\infty}^{\infty}\frac{dudv}{4\pi^2}e^{i(q-Q)u}e^{i(p-P)v}\\
&= \iint_{-\infty}^{\infty}\frac{dudv}{4\pi^2}e^{i(p-P)v-iuv}e^{iu(q-Q)}\\
&= \int_{-\infty}^{\infty}\frac{du}{2\pi}\delta(p-P-u)e^{iu(q-Q)}\\
&= \mathfrak{P}\left[\int_{-\infty}^{\infty}\frac{du}{2\pi}\delta(p-P-u)e^{iu(q-Q)}\right]\\
&= \frac{1}{2\pi}\mathfrak{P}\left[e^{i(p-P)(q-Q)}\right]
\end{aligned} \tag{10.5}$$

类似地, 我们得到

$$\delta(p-P)\delta(q-Q) = |p\rangle\langle p|\,q\rangle\langle q| = \frac{1}{\sqrt{2\pi}}|p\rangle\langle q|e^{-ipq} \tag{10.6}$$

以及 $\delta(p-P)\delta(q-Q)$ 的 $\mathfrak{Q}$- 排序展开

$$\delta(p-P)\delta(q-Q) = \iint_{-\infty}^{\infty} \frac{\mathrm{d}u\mathrm{d}v}{4\pi^2} \mathrm{e}^{\mathrm{i}(p-P)v} \mathrm{e}^{\mathrm{i}(q-Q)u}$$

$$= \iint_{-\infty}^{\infty} \frac{\mathrm{d}u\mathrm{d}v}{4\pi^2} \mathrm{e}^{\mathrm{i}(q-Q)u+\mathrm{i}uv} \mathrm{e}^{\mathrm{i}(p-P)v}$$

$$= \int_{-\infty}^{\infty} \frac{\mathrm{d}v}{2\pi} \delta(q-Q+v) \mathrm{e}^{\mathrm{i}(p-P)v}$$

$$= \mathfrak{Q}\left[\int_{-\infty}^{\infty} \frac{\mathrm{d}v}{2\pi} \delta(q-Q+v) \mathrm{e}^{\mathrm{i}v(p-P)}\right]$$

$$= \frac{1}{2\pi}\mathfrak{Q}\left[\mathrm{e}^{-\mathrm{i}(q-Q)(p-P)}\right]$$

用同样的方法, 我们给出 Wigner 算符

$$\Delta(q,p) = \iint_{-\infty}^{\infty} \frac{\mathrm{d}u\mathrm{d}v}{4\pi^2} \mathrm{e}^{\mathrm{i}(q-Q)u+i(p-P)v}$$

的 $\mathfrak{Q}$-排序展开

$$\Delta(q,p) = \frac{1}{\pi}\mathfrak{Q}\{\mathrm{e}^{-2\mathrm{i}(q-Q)(p-P)}\} \tag{10.7}$$

以及 $\mathfrak{P}$-排序展开

$$\Delta(q,p) = \frac{1}{\pi}\mathfrak{P}\{\mathrm{e}^{2\mathrm{i}(q-Q)(p-P)}\}$$

所以, 任意算符 $H(Q,P)$ 的 Weyl 对应式为

$$H(Q,P) = \iint_{-\infty}^{\infty} \mathrm{d}q\mathrm{d}p\, h(q,p)\Delta(q,p) \tag{10.8}$$

其中 $h(q,p)$ 是 $H(Q,P)$ 的经典对应 , 就改为

$$H(Q,P) = \frac{1}{\pi}\iint_{-\infty}^{\infty} \mathrm{d}q\mathrm{d}p\, h(q,p)\mathfrak{Q}\{\mathrm{e}^{-2\mathrm{i}(q-Q)(p-P)}\} \tag{10.9}$$

积分右边就得到 $H(Q,P)$ 的 $\mathfrak{Q}$-排序展开；或者

$$H(Q,P) = \frac{1}{\pi}\iint \mathrm{d}q\mathrm{d}p\, h(q,p)\mathfrak{P}\{\mathrm{e}^{2\mathrm{i}(q-Q)(p-P)}\} \tag{10.10}$$

积分右边就得到 $H(Q,P)$ 的 $\mathfrak{P}$-排序展开.

10.3 纠缠傅里叶变换

从

$$\delta(q-Q)\delta(p-P) = \frac{1}{\pi}{:}\mathrm{e}^{2\mathrm{i}(q-Q)(p-P)}{:} \tag{10.11}$$

我们想到了定义如下一类积分变换

$$G(p,q) \equiv \frac{1}{\pi} \iint_{-\infty}^{\infty} dq'dp'h(p',q') e^{2i(p-p')(q-q')} \tag{10.12}$$

它不同于通常的傅里叶变换, 因为积分把 p,q 纠缠起来, 并可将其推广到量子力学. 当 $h(p',q') = 1$ 时, 上式变为

$$\frac{1}{\pi} \iint dq'dp' e^{2i(p-p')(q-q')} = \int_{-\infty}^{\infty} dq'\delta(q-q') e^{2ip(q-q')} = 1$$

式 (10.12) 存在逆变换

$$\iint \frac{dqdp}{\pi} e^{-2i(p-p')(q-q')} G(p,q) = h(p',q') \tag{10.13}$$

事实上, 将式 (10.13) 代入式 (10.12) 的左边给出

$$\iint_{-\infty}^{\infty} \frac{dqdp}{\pi} \iint \frac{dq''dp''}{\pi} h(p'',q'') e^{2i[(p-p'')(q-q'')-(p-p')(q-q')]}$$
$$= \iint_{-\infty}^{\infty} dq'dp''h(p'',q'') e^{2i(p''q''-p'q')}\delta(p''-p')\delta(q''-q') = h(p',q') \tag{10.14}$$

此变换具有保模的性质

$$\iint_{-\infty}^{\infty} \frac{dqdp}{\pi}|h(p,q)|^2 \tag{10.15}$$
$$= \iint \frac{dq'dp'}{\pi}|G(p',q')|^2 \iint \frac{dp''dq''}{\pi} e^{2i(p''q''-p'q')}$$
$$\times \iint_{-\infty}^{\infty} \frac{dqdp}{\pi} e^{2i[(-p''p-q''q)+(pp'+q'q)]} \tag{10.16}$$
$$= \iint \frac{dq'dp'}{\pi}|G(p',q')|^2 \iint dp''dq'' e^{2i(p''q''-p'q')}\delta(q'-q'')\delta(p'-p'')$$
$$= \iint \frac{dq'dp'}{\pi}|G(p',q')|^2$$

例如, 单项函数 $x^m y^r$ 的纠缠变换是

$$\iint_{-\infty}^{\infty} \frac{dxdy}{\pi} x^m y^r e^{2i(y-q)(x-p)} = \left(\frac{1}{\sqrt{2}}\right)^{m+r} (-i)^r H_{m,r}\left(\sqrt{2}p, i\sqrt{2}q\right) \tag{10.17}$$

这里 $H_{m,r}$ 是双变数厄密多项式,

$$H_{m,r}(t,s) = \sum_{l=0}^{\min(m,r)} \frac{m!r!(-1)^l}{l!(m-l)!(r-l)!} t^{m-l}s^{r-l} \tag{10.18}$$

它是多项的 $t^{m-l}s^{r-l}$ 函数, 故而是纠缠的. 按照式 (10.13) 的逆变换是

$$\iint_{-\infty}^{\infty} \frac{dpdq}{\pi} \left(\frac{1}{\sqrt{2}}\right)^{m+r} (-i)^r H_{m,r}\left(\sqrt{2}p, i\sqrt{2}q\right) e^{-2i(y-q)(x-p)} = x^m y^r \tag{10.19}$$

与式（10.17）相应的复纠缠变换是

$$\int \frac{\mathrm{d}^2 z}{\pi} z^m z^{*n} \mathrm{e}^{-\left(z^* - \mathrm{i}\lambda\right)(z - \mathrm{i}\sigma)} = \mathrm{i}^{m+n} H_{m,n}\left(\sigma, \lambda\right)$$

他把单项 $z^m z^{*n}$ 变换成纠缠函数 $H_{m,n}$.

证明　从复数幂 z^k 在函数空间的正交性

$$\int \frac{\mathrm{d}^2 z}{\pi} z^k z^{*l} \mathrm{e}^{-|z|^2} = \sqrt{l! k!} \delta_{l,k}$$

可以导出

$$\int \frac{\mathrm{d}^2 z}{\pi} \left(z + \mathrm{i}\sigma\right)^m \left(z^* + \mathrm{i}\lambda\right)^n \mathrm{e}^{-|z|^2}$$

$$= \sum_{l=0}^{\infty} \sum_{k=0}^{\infty} \binom{n}{l} \binom{m}{k} \left(\mathrm{i}\lambda\right)^{n-l} \left(\mathrm{i}\sigma\right)^{m-k} \int \frac{\mathrm{d}^2 z}{\pi} z^k z^{*l} \mathrm{e}^{-|z|^2}$$

$$= \sum_{l=0}^{\infty} \sum_{k=0}^{\infty} \binom{n}{l} \binom{m}{k} \left(\mathrm{i}\lambda\right)^{n-l} \left(\mathrm{i}\sigma\right)^{m-k} \sqrt{l! k!} \delta_{l,k}$$

$$= \mathrm{i}^{m+n} \sum_{l=0} \frac{(-1)^l \, n! m!}{l! \, (m-l)! \, (n-l)!} \sigma^{m-l} \lambda^{n-l} = \mathrm{i}^{m+n} H_{m,n}\left(\sigma, \lambda\right)$$

再将上式左边作积分变数平移, 便得证明.

10.4　对 **Wigner** 算符实施纠缠傅里叶变换

我们对 Wigner 算符 $\Delta\left(p, q\right)$ 实施纠缠傅里叶变换, 用 IWOP 得到

$$\frac{1}{\pi} \iint_{-\infty}^{\infty} \mathrm{d}q \mathrm{d}p \, \mathrm{e}^{2\mathrm{i}(p-x)(q-y)} \Delta\left(p, q\right)$$

$$= \frac{1}{\pi^2} \iint_{-\infty}^{\infty} \mathrm{d}q \mathrm{d}p \, \mathrm{e}^{2\mathrm{i}(p-x)(q-y)} : \mathrm{e}^{-(p-P)^2 - (q-Q)^2} :$$

$$= \frac{1}{\sqrt{2}\pi} : \exp\left[\frac{(y - Q + \mathrm{i}x - \mathrm{i}P)^2}{2} - (y - Q)^2\right] :$$

$$= \frac{1}{\sqrt{2}\pi} : \exp\left[-\frac{P^2 + Q^2}{2} - \frac{x^2 + y^2}{2} + x(P - \mathrm{i}Q) + y(Q - \mathrm{i}P) + \mathrm{i}PQ + \mathrm{i}xy\right] :$$

$$= \frac{1}{\sqrt{2}\pi} : \exp\left(-\frac{P^2 + Q^2}{2} - \frac{x^2 + y^2}{2} - \mathrm{i}\sqrt{2}xa + \sqrt{2}ya^\dagger + \frac{a^2 - a^{\dagger 2}}{2} + \mathrm{i}xy\right) :$$

$$\tag{10.20}$$

注意到 a 与 $a^\dagger$ 在 :: 内部可交换, 故

$$: \mathrm{e}^{-\frac{P^2 + Q^2}{2}} : \; = \; : \mathrm{e}^{-a^\dagger a} : \; = |0\rangle \langle 0|$$

并用

$$\langle y| \, p = x \rangle = \frac{1}{\sqrt{2\pi}} \mathrm{e}^{\mathrm{i}xy} \tag{10.21}$$

$\langle y|$ 是坐标表象态矢, 于是式（10.20）变成

$$\frac{1}{\pi} \iint_{-\infty}^{\infty} \mathrm{d}q\mathrm{d}p \mathrm{e}^{2\mathrm{i}(p-x)(q-y)} \Delta\,(p,q)$$

$$= \frac{1}{\sqrt{2\pi}} \exp\left(-\frac{x^2+y^2}{2} + \mathrm{i}xy\right) \exp\left(-\frac{a^{\dagger 2}}{2} + \sqrt{2}ya^{\dagger}\right) |0\rangle \langle 0| \exp\left(\frac{a^2}{2} - \mathrm{i}\sqrt{2}xa\right)$$

$$= \frac{1}{\sqrt{2\pi}} |y\rangle \langle p|_{p=x}\, \mathrm{e}^{\mathrm{i}xy}$$

$$= |y\rangle \langle y| \, p\rangle |_{p=x}\,_{p=x} \langle p|$$

$$= \delta\,(y-Q)\,\delta\,(x-P) \tag{10.22}$$

可见 Weyl 排序与 Ω-排序之间通过纠缠傅里叶变换相联系.

10.5　分数压缩变换

现在我们对经典函数

$$h_1\,(q,p) = \exp\left[\mathrm{i}\,(p^2+q^2)\cosh\alpha + 2\mathrm{i}pq\sinh\alpha\right] \tag{10.23}$$

做纠缠傅里叶变换, 我们要证明它的 Weyl 对应算符 $H_1\,(P,Q)$ 能够生成分数压缩变换. 事实上

$$\frac{1}{\pi} \iint_{-\infty}^{\infty} \mathrm{d}q\mathrm{d}p \exp\left[\mathrm{i}\,(p^2+q^2)\cosh\alpha + 2\mathrm{i}pq\sinh\alpha\right] \mathrm{e}^{2\mathrm{i}(p-x)(q-y)} \tag{10.24}$$

$$= \frac{1}{\pi} \int_{-\infty}^{\infty} \mathrm{d}q \exp\left[\mathrm{i}q^2\cosh\alpha - 2\mathrm{i}x\,(q-y)\right]$$

$$\times \int_{-\infty}^{\infty} \mathrm{d}p \exp\left[\mathrm{i}p^2\cosh\alpha + 2\mathrm{i}p\,(q\sinh\alpha + q - y)\right] \tag{10.25}$$

$$= \sqrt{\frac{1}{2\sinh\alpha}} \exp\left[\frac{\mathrm{i}\,(x^2+y^2)}{2\tanh\alpha} - \frac{\mathrm{i}xy}{\sinh\alpha}\right] \mathrm{e}^{\mathrm{i}xy}$$

将它等同于

$$\sqrt{\frac{1}{2\sinh\alpha}} \exp\left[\frac{\mathrm{i}\,(x^2+y^2)}{2\tanh\alpha} - \frac{\mathrm{i}xy}{\sinh\alpha}\right] = \langle p = x'| \, H_1\,(P,Q)\, |y'\rangle \tag{10.26}$$

我们能够判定

$$H_1\,(P,Q) = \sqrt{\frac{1}{2\pi\mathrm{i}\sinh\alpha}} \mathfrak{P} \exp\left[\frac{\mathrm{i}\,(Q^2+P^2)}{2\tanh\alpha} - \frac{\mathrm{i}QP}{\sinh\alpha}\right] \tag{10.27}$$

这里 $\mathfrak{P}$ 代表 $\mathfrak{P}$-排序, 即 $H_1(P, Q)$ 中所有的 P 在所有的 Q 的左边.

另一方面, 求 $h_1(q, p)$ 的 Weyl 对应算符 $H_1(P, Q)$, 用 Wigner 算符的正规乘积形式有

$$
\begin{aligned}
H_1(P, Q) &= \frac{1}{\pi} \int \mathrm{d}^2 \alpha \exp\left[\mathrm{i}\left(q^2 + p^2\right) \cosh\alpha + 2\mathrm{i}pq \sinh\alpha\right] : \mathrm{e}^{-2\left(a^* - a^\dagger\right)(\alpha - a)} : \\
&= \mathrm{e}^{-\frac{\mathrm{i}a^{\dagger 2}}{2} \tanh\alpha} \mathrm{e}^{\left(a^\dagger a + \frac{1}{2}\right) \ln\operatorname{sech}\alpha} \mathrm{e}^{-\frac{\mathrm{i}a^2}{2} \tanh\alpha} \mathrm{e}^{\frac{\mathrm{i}\pi}{2} a^\dagger a} \\
&= \mathrm{e}^{-\frac{\mathrm{i}\alpha}{2}\left(a^{\dagger 2} + a^2\right)} \mathrm{e}^{\frac{\mathrm{i}\pi}{2} a^\dagger a}
\end{aligned} \tag{10.28}
$$

比较式（10.28）和式（10.27）得到

$$
\mathrm{e}^{-\frac{\mathrm{i}\alpha}{2}\left(a^{\dagger 2} + a^2\right)} \mathrm{e}^{\frac{\mathrm{i}\pi}{2} a^\dagger a} = \sqrt{\frac{1}{2\pi\mathrm{i}\sinh\alpha}} \mathfrak{P} \exp\left[\frac{\mathrm{i}\left(Q^2 + P^2\right)}{2\tanh\alpha} - \frac{\mathrm{i}QP}{\sinh\alpha}\right] \tag{10.29}
$$

或

$$
\langle p| \mathrm{e}^{-\frac{\mathrm{i}\alpha}{2}\left(a^{\dagger 2} + a^2\right)} \mathrm{e}^{\frac{\mathrm{i}\pi}{2} a^\dagger a} |x\rangle = \sqrt{\frac{1}{2\pi\mathrm{i}\sinh\alpha}} \exp\left[\frac{\mathrm{i}\left(x^2 + y^2\right)}{2\tanh\alpha} - \frac{\mathrm{i}xy}{\sinh\alpha}\right] \tag{10.30}
$$

故 $\mathrm{e}^{-\frac{\mathrm{i}\alpha}{2}\left(a^{\dagger 2} + a^2\right)} \mathrm{e}^{\frac{\mathrm{i}\pi}{2} a^\dagger a}$ 正是引起分数压缩变换的算符, 它不同于

$$
\sqrt{\frac{1}{2\pi\mathrm{i}\sin\alpha}} \exp\left[\frac{\mathrm{i}\left(x^2 + y^2\right)}{2\tan\alpha} - \frac{\mathrm{i}xy}{\sin\alpha}\right]
$$

后者是分数傅里叶积分变换的核.

以上讨论表明, 有了有序算符内的积分理论, 我们就可以对算符实施各种积分变换.

第 11 章　带互感的两个介观电容–电感回路的量子纠缠

集成电路向原子尺度的趋小化, 刺激了电路理论的研究进入量子领域. 在固态物理中, 当输运尺度与电荷非弹性相干长度可以比拟时, 电路中的量子效应必须被计入, 这种情形下的电路便称为介观电路. 介观电路的量子化是量子电路领域的重要课题之一. 历史上, 一个单电容–电感回路的状态, 作为一个电路的 "元胞", 被路易塞尔在 1973 年量子化, 他认电荷 q 为正则坐标, 取电流 $I = dq/dt$ 乘上电感 L 为正则动量, 即 $p = Ldq/dt$, 进一步将 (q,p) 加上量子化条件 $[\hat{q},\hat{p}] = i\hbar$, 则 L-C 回路被视为一个量子谐振子.

众所周知, 经典 L-C 耦合电路的频率可以通过基尔霍夫定律写出久期方程求解得到; 尽管量子电路的频率往往跟对应的经典电路频率无异, 但是将经典电路的方法直接推广到量子介观电路是要十分谨慎的. 其中一个重要的原因是量子化后的介观电路所有的观测量都是算符, 而不再是普通的 C-数, 算符的非对易性质会导致一些与经典电路不一样的结论.

在介观电路量子化的框架中, 带有互感的两个介观电容–电感回路, 其互感是产生量子纠缠的源头, 我们用量子力学方法可以求出其特征频率的公式, 它与如下描述的一个经典系统的小振动频率的表达式有相似之处, 可见两者有可比拟之处. 该经典系统如图 11.1 所示, 两个墙壁之间各连一个相同的弹簧, 弹簧系数是 k, 两个弹簧之间接着一个滑动小车 m_1 可以在光滑的桌面上运动, 小车挂有一根长为 l 的单摆, 摆球质量是 m_2, 求系统的小振动频率. 单摆的摆动会造成小车来回振动, 摆、小车和弹簧互相牵制, 晃动效应反映了小车和摆的 "纠缠".

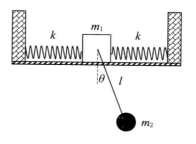

图 11.1

11.1　带互感的两个介观电容–电感回路的哈密顿量的对角化

我们先指出量子纠缠存在于带有互感 m 的两个介观电容–电感回路之中, 如图 11.2 所示, 这个系统的量子化如下.

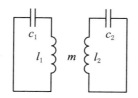

图 11.2

在分析力学中, 带有互感 (系数 m) 的两个介观电容-电感回路的经典拉格朗日量是

$$\mathcal{L} = \frac{1}{2}\left(l_1 I_1^2 + l_2 I_2^2\right) + m I_1 I_2 - \frac{1}{2}\left(\frac{q_1^2}{c_1} + \frac{q_2^2}{c_2}\right) \tag{11.1}$$

这里 $m I_1 I_2$ 代表两个单回路中的电流相互作用, l_1 和 l_2 是两个单回路的电感在无漏磁情形下, 有 $0 < m < \sqrt{l_1 l_2}$. 取 q_1, q_2 为正则坐标, 其共轭量是

$$p_1 = \frac{\partial \mathcal{L}}{\partial \dot{q}_1} = l_1 I_1 + m I_2 \tag{11.2}$$

$$p_2 = \frac{\partial \mathcal{L}}{\partial \dot{q}_2} = l_2 I_2 + m I_1 \tag{11.3}$$

相应的哈密顿量是

$$\mathcal{H} = p_1 \dot{q}_1 + p_2 \dot{q}_2 - \mathcal{L} \tag{11.4}$$

$$= \frac{1}{2} \left(l_1 I_1^2 + l_2 I_2^2 \right) + m I_1 I_2 + \frac{1}{2} \left(\frac{q_1^2}{c_1} + \frac{q_2^2}{c_2} \right)$$

$$= \frac{1}{2A} \left(\frac{p_1^2}{l_1} + \frac{p_2^2}{l_2} \right) - \frac{m}{A l_1 l_2} p_1 p_2 + \frac{1}{2} \left(\frac{q_1^2}{c_1} + \frac{q_2^2}{c_2} \right)$$

其中, 定义了

$$A = 1 - \frac{m^2}{l_1 l_2}, \quad m^2 < l_1 l_2 \tag{11.5}$$

将 q_i, p_i 作为共轭对进行正则量子化为算符 $\hat{q}_i, \hat{p}_i$, 加上量子化条件 $[\hat{q}_i, \hat{p}_j] = i\hbar\delta_{i,j}$, $\mathcal{H} \to \hat{\mathcal{H}}$ 是哈密顿算符. $\frac{m}{A l_1 l_2}\hat{p}_1\hat{p}_2$ 是引起量子纠缠的项.

为了在理论上化去 $\hat{\mathcal{H}}$ 含的耦合项 (即退纠缠), 我们试图找到一个幺正算符 U, 将 $\hat{\mathcal{H}}$ 对角化. 采用坐标表象 $|q_i\rangle$, 我们记 U 为

$$U = \iint_{-\infty}^{\infty} \mathrm{d}q_1 \mathrm{d}q_2 \left| u \begin{pmatrix} q_1 \\ q_2 \end{pmatrix} \right\rangle \left\langle \begin{pmatrix} q_1 \\ q_2 \end{pmatrix} \right| \quad (\det u = 1) \tag{11.6}$$

这里 $\left\langle \begin{pmatrix} q_1 \\ q_2 \end{pmatrix} \right| \equiv \langle q_1, q_2 |$ 是双模坐标本征态:

$$\hat{q}_i \left| \begin{pmatrix} q_1 \\ q_2 \end{pmatrix} \right\rangle = q_i \left| \begin{pmatrix} q_1 \\ q_2 \end{pmatrix} \right\rangle \quad \left(u = \begin{pmatrix} u_{11} & u_{12} \\ u_{21} & u_{22} \end{pmatrix} \right) \tag{11.7}$$

u 是一个待定的 2×2 矩阵, 由对角化的要求决定. 方程 (11.7) 明显地体现了经典矩阵 u 映射为 Hilbert 空间中的量子幺正算符 U. 用式 (11.6) 和式 (11.7) 得到 $\hat{q}_i$ 的变换性质

$$U \begin{pmatrix} \hat{q}_1 \\ \hat{q}_2 \end{pmatrix} U^\dagger = u^{-1} \begin{pmatrix} \hat{q}_1 \\ \hat{q}_2 \end{pmatrix} \tag{11.8}$$

转到动量表象, 用其完备性

$$\iint_{-\infty}^{\infty} \mathrm{d}p_1 \mathrm{d}p_2 \left| \begin{pmatrix} p_1 \\ p_2 \end{pmatrix} \right\rangle \left\langle \begin{pmatrix} p_1 \\ p_2 \end{pmatrix} \right| = 1 \tag{11.9}$$

和

$$\left\langle \begin{pmatrix} p_1 \\ p_2 \end{pmatrix} \right| u \begin{pmatrix} q_1 \\ q_2 \end{pmatrix} \right\rangle = \frac{1}{2\pi} \exp \left[-\mathrm{i} \left(u^{\mathrm{T}} p \right)_j q_j \right] \tag{11.10}$$

(这里重复指标暗示求和) 得到 U 的动量表示

$$U = \frac{1}{2\pi} \iint_{-\infty}^{\infty} \mathrm{d}p_1 \mathrm{d}p_2 \iint_{-\infty}^{\infty} \mathrm{d}q_1 \mathrm{d}q_2 \left| \begin{pmatrix} p_1 \\ p_2 \end{pmatrix} \right\rangle \left\langle \begin{pmatrix} q_1 \\ q_2 \end{pmatrix} \right| \exp \left[-\mathrm{i} \left(u^{\mathrm{T}} p \right)_j q_j \right]$$

$$\tag{11.11}$$

$$= \iint_{-\infty}^{\infty} dp_1 dp_2 \left| \begin{pmatrix} p_1 \\ p_2 \end{pmatrix} \right\rangle \left\langle u^{\mathrm{T}} \begin{pmatrix} p_1 \\ p_2 \end{pmatrix} \right|$$

于是得到

$$U \begin{pmatrix} \hat{p}_1 \\ \hat{p}_2 \end{pmatrix} U^\dagger = u^{\mathrm{T}} \begin{pmatrix} \hat{p}_1 \\ \hat{p}_2 \end{pmatrix}$$

假设 u 的形式是

$$u = \begin{pmatrix} 1 & E \\ G & H \end{pmatrix} \quad (\det u = H - EG = 1)$$

这里 H, E, G 是待定的, 则

$$\left(u^{\mathrm{T}}\right)^{-1} = \begin{pmatrix} H & -G \\ -E & 1 \end{pmatrix}$$

在 $U^\dagger$ 变换下

$$\hat{q}_1 \to U^\dagger \hat{q}_1 U = \hat{q}_1 + E\hat{q}_2 \tag{11.12}$$
$$\hat{q}_2 \to U^\dagger \hat{q}_2 U = G\hat{q}_1 + H\hat{q}_2$$
$$\hat{p}_1 \to U^\dagger \hat{p}_1 U = H\hat{p}_1 - G\hat{p}_2$$
$$\hat{p}_2 \to U^\dagger \hat{p}_2 U = -E\hat{p}_1 + \hat{p}_2$$

故而 $\hat{\mathcal{H}}$ 在 $U^\dagger$ 变换下变成

$$U^\dagger \hat{\mathcal{H}} U = \frac{1}{2A} \left[\frac{(Hp_1 - Gp_2)^2}{l_1} + \frac{(-Ep_1 + p_2)^2}{l_2} \right] \tag{11.13}$$
$$- \frac{m}{Al_1 l_2} (Hp_1 - Gp_2)(-Ep_1 + p_2)$$
$$+ \frac{1}{2} \left[\frac{(q_1 + Eq_2)^2}{c_1} + \frac{(Gq_1 + Hq_2)^2}{c_2} \right]$$

对角化要求式 (11.13) 中含 $\hat{p}_1 \hat{p}_2$ 和 $\hat{q}_1 \hat{q}_2$ 的项消失, 即要求

$$l_2 HG + l_1 E + m(GE + H) = 0 \tag{11.14}$$

和

$$c_2 E + c_1 GH = 0 \tag{11.15}$$

这意味着退纠缠, 联立 $H - EG = 1$ 可知

$$H = \frac{c_2}{c_2 + c_1 G^2} \tag{11.16}$$

于是

$$E = \frac{-Gc_1}{c_2 + c_1 G^2} \tag{11.17}$$

接着有

$$HG = \frac{c_2 G}{c_2 + c_1 G^2} = -\frac{c_2}{c_1} E \tag{11.18}$$

代入式（11.16）导出

$$-l_2 \frac{c_2}{c_1} E + l_1 E + m(2EG + 1) = 0 \tag{11.19}$$

由式（11.17）和式（11.19）给出

$$mc_1 G^2 + G(l_1 c_1 - l_2 c_2) - mc_2 = 0 \tag{11.20}$$

此方程的通解是

$$G = \frac{l_2 c_2 - l_1 c_1 \pm \sqrt{(l_1 c_1 - l_2 c_2)^2 + 4m^2 c_1 c_2}}{2mc_1} \tag{11.21}$$

不失一般, 取负号, 并令

$$(c_2 l_2 - c_1 l_1)^2 + 4m^2 c_2 c_1 = \Delta \tag{11.22}$$

可得

$$G = \frac{c_2 l_2 - c_1 l_1 - \sqrt{\Delta}}{2mc_1} = \frac{-2mc_2}{\sqrt{\Delta} + c_2 l_2 - c_1 l_1}$$

$$E = \frac{c_1 m}{\sqrt{\Delta}}, \quad H = \frac{\sqrt{\Delta} - (c_1 l_1 - c_2 l_2)}{2\sqrt{\Delta}} \tag{11.23}$$

于是相应的退纠缠算符是

$$U = \iint_{-\infty}^{\infty} \mathrm{d}q_1 \mathrm{d}q_2 \left| \begin{pmatrix} 1 & E \\ G & H \end{pmatrix} \begin{pmatrix} q_1 \\ q_2 \end{pmatrix} \right\rangle \left\langle \begin{pmatrix} q_1 \\ q_2 \end{pmatrix} \right| \tag{11.24}$$

11.2　此介观电路的量子纠缠态

用有序算符内的积分方法以及双模坐标本征态的 Fock 表象

$$\langle q_1, q_2 | = \sqrt{\frac{1}{\pi}} \langle 00| \exp\left[-\frac{1}{2}(q_1^2 + q_2^2)\right.$$

$$+\sqrt{2}\left(q_1 a_1 + q_2 a_2\right) - \frac{1}{2} a_1^2 - \frac{1}{2} a_2^2 \Big] \tag{11.25}$$

其中, $\left[a_i, a_j^\dagger\right] = \delta_{i,j}$ 以及真空投影算符的正规乘积表示

$$|00\rangle\langle 00| =: \exp\left(-a_1^\dagger a_1 - a_2^\dagger a_2\right): \tag{11.26}$$

对 U 的表达式积分得到

$$
\begin{aligned}
U &= \iint_{-\infty}^{\infty} \mathrm{d}q_1 \mathrm{d}q_2 \left|\begin{pmatrix} \mathbf{1} & E \\ G & H \end{pmatrix}\begin{pmatrix} q_1 \\ q_2 \end{pmatrix}\right\rangle\left\langle\begin{pmatrix} q_1 \\ q_2 \end{pmatrix}\right| \\
&= \frac{1}{\pi} \iint_{-\infty}^{\infty} \mathrm{d}q_1 \mathrm{d}q_2 :\exp\left\{-\frac{1}{2}\left[(q_1 + E q_2)^2 + (G q_1 + H q_2)^2\right]\right. \\
&\quad - \sqrt{2}\left(q_1 + E q_2\right) a_1^\dagger + \sqrt{2}\left(G q_1 + H q_2\right) a_2^\dagger - \frac{1}{2}\left(q_1^2 + q_2^2\right) \\
&\quad \left. +\sqrt{2}\left(q_1 a_1 + q_2 a_2\right) - \frac{1}{2}\left(a_1 + a_1^\dagger\right)^2 - \frac{1}{2}\left(a_2 + a_2^\dagger\right)^2\right\}: \\
&= \frac{2}{\sqrt{L}} \exp\left\{\frac{1}{2L}\left[\left(1 + E^2 - G^2 - H^2\right)\left(a_1^{\dagger 2} - a_2^{\dagger 2}\right) + 4\left(G + EG\right) a_1^\dagger a_2^\dagger\right]\right\} \\
&\quad \times :\exp\left[\left(a_1^\dagger \; a_2^\dagger\right)(g - \mathbf{1})\begin{pmatrix} a_1 \\ a_2 \end{pmatrix}\right]: \\
&\quad \times \exp\left\{\frac{1}{2L}[\left(E^2 + H^2 - 1 - G^2\right)\left(a_1^2 - a_2^2\right) + 4\left(G + EH\right) a_1 a_2]\right\} \tag{11.27}
\end{aligned}
$$

其中

$$
\begin{aligned}
L &= E^2 + G^2 + H^2 + 3 \\
g &= \frac{2}{L}\begin{pmatrix} \mathbf{1}+H & E-G \\ G-E & \mathbf{1}+H \end{pmatrix} \quad \left(\mathbf{1} = \begin{pmatrix} 1 & 0 \\ 0 & 1 \end{pmatrix}\right)
\end{aligned} \tag{11.28}
$$

可见 $U|00\rangle$ 是一个双模压缩态

$$
\begin{aligned}
U|00\rangle &= \frac{2}{\sqrt{L}} \exp\left\{\frac{1}{2L}\left(1 + E^2 - G^2 - H^2\right)\right. \\
&\quad \left. \times \left(a_1^{\dagger 2} - a_2^{\dagger 2}\right) + 4\left(G + EH\right) a_1^\dagger a_2^\dagger\right\}|00\rangle \tag{11.29}
\end{aligned}
$$

同时它也是一个纠缠态. 可见互感的存在导致量子纠缠.

11.3　带互感的两个介观电容–电感电路的特征频率

去除含 $\hat{p}_1\hat{p}_2$ 和 $\hat{q}_1\hat{q}_2$ 的项后, 现在方程 (11.13) 变成

$$
\begin{aligned}
U^\dagger \hat{\mathcal{H}} U &= \frac{p_1^2}{2Al_1l_2}\left(l_2H^2 + l_1E^2 + 2mHE\right)\\
&\quad + \frac{p_2^2}{2Al_1l_2}\left(l_2G^2 + l_1 + 2mG\right)\\
&\quad + \frac{q_1^2}{2}\left(\frac{1}{c_1} + \frac{G^2}{c_2}\right) + \frac{q_1^2}{2}\left(\frac{E^2}{c_1} + \frac{H^2}{c_2}\right)
\end{aligned}
\tag{11.30}
$$

由式 (11.22) 算出

$$
l_2H^2 + l_1E^2 + 2mHE = \frac{m^2 c_1 G - m c_2 l_2}{G\sqrt{\Delta}}
\tag{11.31}
$$

$$
l_2G^2 + l_1 + 2mG = -\frac{(l_2G + m)\sqrt{\Delta}}{m c_1}
\tag{11.32}
$$

$$
\frac{1}{c_1} + \frac{G^2}{c_2} = \frac{c_2 + c_1 G^2}{c_1 c_2} = -\frac{G}{E c_2}
\tag{11.33}
$$

$$
\frac{E^2}{c_1} + \frac{H^2}{c_2} = -\frac{m}{G\sqrt{\Delta}}
\tag{11.34}
$$

于是式 (11.30) 变成

$$
U^\dagger \hat{\mathcal{H}} U = \frac{(m^2 c_1 G - m c_2 l_2)}{2Al_1l_2G\sqrt{\Delta}}p_1^2 - \frac{G}{2E c_2}q_1^2 - \frac{(l_2G + m)\sqrt{\Delta}}{2Al_1l_2 m c_1}p_2^2 - \frac{m}{2G\sqrt{\Delta}}q_2^2
$$

与谐振子哈密顿量的标准形式 $\dfrac{p^2}{2\mathfrak{M}} + \dfrac{\mathfrak{M}\omega^2 q^2}{2}$ 比较, 可得两个特征频率

$$
-\frac{G}{E c_2} \cdot \frac{m^2 c_1 G - m c_2 l_2}{Al_1l_2G\sqrt{\Delta}} = \frac{c_2 l_2 + c_1 l_1 + \sqrt{\Delta}}{2Al_1l_2 c_1 c_2} \equiv \omega_+^2
\tag{11.35}
$$

和

$$
\frac{\dfrac{m}{G\sqrt{\Delta}}}{Al_1l_2\dfrac{m c_1}{(l_2G + m)\sqrt{\Delta}}} = \frac{c_2 l_2 + c_1 l_1 - \sqrt{\Delta}}{2Al_1l_2 c_2 c_1} \equiv \omega_-^2
\tag{11.36}
$$

再用 $A = 1 - \dfrac{m^2}{l_1 l_2}$, 可见

$$
\omega_\pm^2 = \frac{c_2 l_2 + c_1 l_1 \pm \sqrt{(c_2 l_2 - c_1 l_1)^2 + 4m^2 c_2 c_1}}{2 c_2 c_1 (l_1 l_2 - m^2)}
\tag{11.37}
$$

或

$$\omega_{\pm}^2 = \frac{c_2l_2 + c_1l_1 \pm \sqrt{(c_2l_2 + c_1l_1)^2 + 4c_2c_1(m^2 - l_2l_1)}}{2c_2c_1(l_1l_2 - m^2)}$$

$$= \frac{c_2l_2 + c_1l_1}{2c_2c_1(l_1l_2 - m^2)} \pm \sqrt{\left[\frac{(c_2l_2 + c_1l_1)}{2c_2c_1(l_1l_2 - m^2)}\right]^2 - \frac{1}{c_2c_1(l_1l_2 - m^2)}} \quad (11.38)$$

这是可以做实验验证的.

11.4　弹簧约束滑动小车–单摆系统的微振动频率

现在我们转而讨论自由滑动小车–单摆系统的微振动频率. 从力学观点分析可对摆线偏离竖直线的角度 θ, 以及对滑块的坐标 x, 分别写下动能与势能, 动能是

$$T = \frac{1}{2}m_1\dot{x}^2 + \frac{m_2}{2}\left[(\dot{x} + l\dot{\theta}\cos\theta)^2 + l^2\dot{\theta}^2\sin^2\theta\right]$$

其中, 第一项是滑动小车动能, 第二项是摆球动能, 反映了摆球同时参与滑动和摆动的速度合成规则, 即三角形余弦定理:

$$(\dot{x} + l\dot{\theta}\cos\theta)^2 + l^2\dot{\theta}^2\sin^2\theta = \dot{x}^2 + l^2\dot{\theta}^2 + 2\dot{x}l\dot{\theta}\cos\theta$$

势能是

$$V = -m_2gl\cos\theta + 2 \times \frac{1}{2}kx^2$$

从 $L = T - V$ 以及

$$\frac{\mathrm{d}}{\mathrm{d}t} \cdot \frac{\partial L}{\partial \dot{x}} = \frac{\partial L}{\partial x}, \quad \frac{\mathrm{d}}{\mathrm{d}t} \cdot \frac{\partial L}{\partial \dot{\theta}} = \frac{\partial L}{\partial \theta}$$

导出动力学方程

$$(m_1 + m_2)\ddot{x} + m_2l\ddot{\theta}\cos\theta - m_2l\dot{\theta}^2\sin\theta + 2kx = 0$$

$$l\ddot{\theta} + \ddot{x}\cos\theta + g\sin\theta = 0$$

在小振动时, $\cos\theta \approx 1, \sin\theta \approx \theta$, 故上两式分别约化为

$$(m_1 + m_2)\ddot{x} + m_2l\ddot{\theta} + 2kx = 0$$

$$l\ddot{\theta} + \ddot{x} + g\theta = 0$$

即

$$m_1\ddot{x} = m_2g\theta - 2kx$$

$$m_1 l \ddot{\theta} = 2kx - g(m_1 + m_2)\theta$$

晃动过程中, 小车与摆有相同的频率, 故可令

$$x = Y \sin \omega t$$
$$\theta = Z \sin \omega t$$

代入上面两式得到

$$(\omega^2 m_1 - 2k) Y + m_2 g Z = 0$$
$$2kY + [m_1 l \omega^2 - g(m_1 + m_2)] Z = 0$$

其系数行列式为零才有非平庸解, 即

$$\begin{vmatrix} \omega^2 m_1 - 2k & m_2 g \\ 2k & -g(m_1 + m_2) + m_1 l \omega^2 \end{vmatrix} = 0$$

也就是

$$m_1^2 l \omega^4 - m_1 [2kl + g(m_1 + m_2)] \omega^2 + 2kgm_1 = 0$$

由此解出

$$\omega^2 = \frac{m_1 [g(m_1 + m_2) + 2kl] \pm \sqrt{[g(m_1 + m_2) + 2kl]^2 m_1^2 - 4lm_1^2 2km_1 g}}{2lm_1^2}$$

所以, 弹簧约束滑动小车–单摆系统的微振动频率是

$$\omega^2 = \frac{(m_1 + m_2)g + 2kl}{2m_1 l} \pm \sqrt{\left[\frac{(m_1 + m_2)g + 2kl}{2m_1 l}\right]^2 - \frac{2kg}{m_1 l}} \tag{11.39}$$

这里的两个根都是正定的, 都是物理解, $\frac{2kg}{m_1 l} = \frac{2k}{m_1} \times \frac{g}{l}$ 代表弹簧振子带动小车运动 (以 $\frac{2k}{m_1}$ 表征) 与单摆运动 (以 $\frac{g}{l}$ 表征) 之间的耦合, 是量子纠缠的经典类比.

11.5 量子纠缠的经典类比

现在我们将介观电路的本征频率式 (11.38) 改写为

$$\omega_{\pm}^2 = \frac{c_2 l_2 + c_1 l_1 \pm \sqrt{(c_2 l_2 + c_1 l_1)^2 + 4c_2 c_1 (m^2 - l_2 l_1)}}{2c_2 c_1 (l_1 l_2 - m^2)} \tag{11.40}$$

$$= \frac{c_2 l_2 + c_1 l_1}{2 c_2 c_1 (l_1 l_2 - m^2)} \pm \sqrt{\left[\frac{c_2 l_2 + c_1 l_1}{2 c_2 c_1 (l_1 l_2 - m^2)}\right]^2 - \frac{1}{c_2 c_1 (l_1 l_2 - m^2)}} \quad (11.41)$$

再和上述力学系统的频率式 (11.39) 作一比较, 就可见如下的对应:

$$\frac{(m_1 + m_2) g + 2kl}{2 m_1 l} \to \frac{c_1 l_1 + c_2 l_2}{2 c_1 c_2 (l_1 l_2 - m^2)}$$

$$\frac{2kg}{m_1 l} = \frac{2k}{m_1} \times \frac{g}{l} \to \frac{1}{c_1 c_2 (l_1 l_2 - m^2)}$$

于是我们找到了一个鲜明的例子, 即量子纠缠可以有经典力学模拟或对应. 我们期望还会有更多的例子出现.

总之, 本书首次讨论量子纠缠有没有经典类比 (或对应) 的问题, 指出在介观电路量子化的框架中, 带有互感的两个介观电容–电感 (L-C) 电路与两个弹簧之间夹一个小滑车在光滑的地面上附带一个单摆的运动可以比拟, 我们先用有序算符内的积分方法证明第一个系统的互感是产生量子纠缠的源头, 再用求出其特征频率的公式, 就发现它与第二个系统的小振动频率公式类似. 单摆的摆动会造成小车来回振动, 摆、小车和弹簧的互相牵制效应反映了小车和摆的"纠缠".

11.6　用纠缠态表象解薛定谔方程一例

本节考虑两个 L-C 回路通过一个电容耦合在一起的情形, 两个电感之间有互感, 电路的一端有电源 $\varepsilon(t)$(图 11.3), 从哈密顿 (Hamilton) 力学角度考虑, 其拉格朗日量可表示为

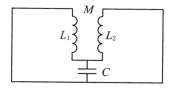

图 11.3

$$\mathcal{L} = \frac{1}{2} \left(L_1 I_1^2 + L_2 I_2^2 \right) + M I_1 I_2 - \frac{1}{2} \cdot \frac{(q_1 - q_2)^2}{C}$$

其中, $\frac{1}{2}\left(L_1 I_1^2 + L_2 I_2^2\right) + M I_1 I_2$ 为动能, 表明是有电流流动产生的能量, 而 $\frac{1}{2} \cdot \frac{(q_1 - q_2)^2}{C}$ 是势能, 表明是电荷聚集电容器极板两端产生的电势能. 这里 q_i ($i = 1, 2$; 后面所有的下标都遵从这个约定) 代表电路中的电荷, L_i 代表电感, C 是回路的耦合电容, M 代表互感, 它可以表示为

$$M = K\sqrt{L_1 L_2} \tag{11.42}$$

式中, K 是两个电感的耦合常数. 在电子学和电工学实践中, 由于不可避免地有漏磁, 所以通常 $K < 1$.

系统的拉格朗日方程为

$$\frac{\mathrm{d}}{\mathrm{d}t}\left(\frac{\partial \mathcal{L}}{\partial \dot{q}_i}\right) - \frac{\partial \mathcal{L}}{\partial q_i} = 0 \quad (i = 1, 2) \tag{11.43}$$

其中

$$\begin{aligned}
\frac{\mathrm{d}}{\mathrm{d}t}\left(\frac{\partial \mathcal{L}}{\partial \dot{q}_1}\right) &= \frac{\mathrm{d}}{\mathrm{d}t}\left(\frac{\partial \mathcal{L}}{\partial I_1}\right) \\
&= \frac{\mathrm{d}}{\mathrm{d}t}\left(L_1 I_1 + m I_2\right) \\
&= L_1 \frac{\mathrm{d}^2 q_1}{\mathrm{d}t^2} + m \frac{\mathrm{d}^2 q_2}{\mathrm{d}t^2}
\end{aligned} \tag{11.44}$$

$$\frac{\partial \mathcal{L}}{\partial q_1} = -\frac{q_1 - q_2}{C} + \varepsilon(t) \tag{11.45}$$

所以, 对于回路 1 来说, 其拉格朗日方程为

$$\frac{\mathrm{d}}{\mathrm{d}t}\left(\frac{\partial \mathcal{L}}{\partial \dot{q}_1}\right) - \frac{\partial \mathcal{L}}{\partial q_1} = 0$$

$$L_1 \frac{\mathrm{d}^2 q_1}{\mathrm{d}t^2} + m \frac{\mathrm{d}^2 q_2}{\mathrm{d}t^2} + \frac{q_1 - q_2}{C} = \varepsilon(t) \tag{11.46}$$

同理, 回路 2 的拉格朗日方程为

$$\frac{\mathrm{d}}{\mathrm{d}t}\left(\frac{\partial \mathcal{L}}{\partial \dot{q}_2}\right) - \frac{\partial \mathcal{L}}{\partial q_2} = 0$$

$$L_2 \frac{\mathrm{d}^2 q_2}{\mathrm{d}t^2} + M \frac{\mathrm{d}^2 q_1}{\mathrm{d}t^2} - \frac{q_1 - q_2}{C} = 0 \tag{11.47}$$

这与用基尔霍夫定律得出的回路的动力学方程

$$L_1 \frac{\mathrm{d}^2 q_1}{\mathrm{d}t^2} + M \frac{\mathrm{d}^2 q_2}{\mathrm{d}t^2} + \frac{q_1 - q_2}{C} = \varepsilon(t) \tag{11.48}$$

和

$$L_2\frac{\mathrm{d}^2 q_2}{\mathrm{d}t^2} + M\frac{\mathrm{d}^2 q_1}{\mathrm{d}t^2} - \frac{q_1 - q_2}{C} = 0 \tag{11.49}$$

是一致的. 由此可见, 我们确定的系统作用量是正确的.

由哈密顿力学知 q_i 的正则动量为

$$p_1 = \frac{\partial \mathcal{L}}{\partial \dot{q}_1} = \frac{\partial \mathcal{L}}{\partial I_1} = L_1 I_1 + M I_2 \tag{11.50}$$

$$p_2 = \frac{\partial \mathcal{L}}{\partial \dot{q}_2} = \frac{\partial \mathcal{L}}{\partial I_2} = L_2 I_2 + M I_1 \tag{11.51}$$

由于 $K = M/\sqrt{L_1 L_2} < 1$, 此时, $L_1 L_2 - M^2 \neq 0$, 可以由上式解出:

$$I_1 = \frac{L_2 p_1 - M p_2}{L_1 L_2 - M^2}, \quad I_2 = \frac{L_1 p_2 - M p_1}{L_1 L_2 - M^2} \tag{11.52}$$

在哈密顿力学中, 哈密顿量可以表示为拉格朗日量的勒让德里变换, 注意到式 (11.52), 则电路的动力学方程 (11.46) 和 (11.47) 就写成了哈密顿量的形式:

$$\begin{aligned}
H &= \sum_{i=1}^{2} \dot{q}_i p_i - \mathcal{L} \\
&= I_1 p_1 + I_2 p_2 - \mathcal{L} = I_1 (L_1 I_1 + M I_2) + I_2 (L_2 I_2 + M I_1) - \mathcal{L} \\
&= \frac{1}{2}\left(L_1 I_1^2 + L_2 I_2^2\right) + M I_1 I_2 + \frac{1}{2}\frac{(q_1 - q_2)^2}{C} - \varepsilon(t) q_1 \\
&= \frac{1}{2}\left[L_1 \left(\frac{L_2 p_1 - M p_2}{L_1 L_2 - M^2}\right)^2 + L_2 \left(\frac{L_1 p_2 - M p_1}{L_1 L_2 - M^2}\right)^2\right] \\
&\quad + M \left(\frac{L_2 p_1 - M p_2}{L_1 L_2 - M^2}\right)\left(\frac{L_1 p_2 - M p_1}{L_1 L_2 - M^2}\right) + \frac{1}{2}\frac{(q_1 - q_2)^2}{C} - \varepsilon(t) q_1 \\
&= \frac{p_1^2}{2A L_1} + \frac{p_2^2}{2A L_2} - \frac{M}{A L_1 L_2} p_1 p_2 + \frac{1}{2}\frac{(q_1 - q_2)^2}{C} - \varepsilon(t) q_1
\end{aligned} \tag{11.53}$$

这里 $A = 1 - K^2 = 1 - \dfrac{M^2}{L_1 L_2}$, 其中的 $\varepsilon(t) q_1$ 我们不需要考虑, 因为该项为外源, 用于抵消电路中产生的焦耳热, 即恰好消除了电路中的耗散. 众所周知, 耗散系统是不能用薛定谔方程来描述的, 而是要用主方程来描述的. 在本系统中, 由于外源已经将系统的耗散抵消, 所以本系统可以用薛定谔方程来求解.

采用如路易塞尔那样的正则量子化的方法, 引入一个双模福克空间, 其产生 (湮灭) 算符 $a_i^{\dagger}(a_i)$ 与 $q_i, p_i\ (i = 1, 2)$ 的关系为

$$q_i = \frac{1}{\sqrt{2}}\left(a_i + a_i^{\dagger}\right), \quad p_i = \frac{1}{\sqrt{2}\mathrm{i}}\left(a_i - a_i^{\dagger}\right) \tag{11.54}$$

$q_\alpha, p_\beta \, (\alpha, \beta = 1, 2)$ 视作厄密算符, 满足正则对易关系:

$$[q_\alpha, p_\beta] = \mathrm{i}\delta_{\alpha\beta} \tag{11.55}$$

这里已取 $h = m = \omega = 1$.

11.6.1　纠缠态表象和 IWOP 方法

我们已经引入过纠缠态:

$$|\eta\rangle = \exp\left(-\frac{1}{2}|\eta|^2 + \eta a_1^\dagger - \eta^* a_2^\dagger + a_1^\dagger a_2^\dagger\right)|00\rangle \tag{11.56}$$

$$\int \frac{\mathrm{d}^2\eta}{\pi} |\eta\rangle\langle\eta| = 1 \tag{11.57}$$

是 $p_1 + p_2$ 及 $q_1 - q_2$ 的共同本征态 (其中 $\eta = \eta_1 + \mathrm{i}\eta_2$, η_1 和 η_2 皆为实数). 事实上, 用 a_1, a_2 分别作用于 $|\eta\rangle$ 上有

$$a_1|\eta\rangle = \left(\eta + a_2^\dagger\right)|\eta\rangle, \quad a_2|\eta\rangle = -\left(\eta^* - a_1^\dagger\right)|\eta\rangle \tag{11.58}$$

由此导出

$$\frac{1}{\sqrt{2}}\left[\left(a_1 + a_1^\dagger\right) - \left(a_2 + a_2^\dagger\right)\right]|\eta\rangle = \sqrt{2}\eta_1|\eta\rangle = (q_1 - q_2)|\eta\rangle \tag{11.59}$$

$$\frac{1}{\sqrt{2}\mathrm{i}}\left[\left(a_1 - a_1^\dagger\right) + \left(a_2 - a_2^\dagger\right)\right]|\eta\rangle = \sqrt{2}\eta_2|\eta\rangle = (p_1 - p_2)|\eta\rangle \tag{11.60}$$

可见 η 的实部和虚部分别对应 $q_1 - q_2$ 和 $p_1 - p_2$ 的本征值.

定义

$$q_r = q_1 - q_2, \quad p = p_1 + p_2$$
$$\mu_1 = \frac{L_1}{L_1 + L_2}, \quad \mu_2 = \frac{L_2}{L_1 + L_2}$$
$$q_c = \mu_1 q_1 + \mu_2 q_2, \quad p_r = \mu_2 p_1 - \mu_1 p_2, \quad q_{cm} \equiv q_c \tag{11.61}$$

则有

$$q_1 = q_c + \mu_2 q_r, \quad q_2 = q_c - \mu_1 q_r$$
$$p_1 = p_r + \mu_1 p, \quad p_2 = \mu_2 p - p_r$$
$$[q_r, p] = 0, \quad [q_c, p] = \mathrm{i}, \quad [q_c, p_r] = 0, \quad [q_r, p_r] = \mathrm{i} \tag{11.62}$$

显然 q_{cm} 与 p_r 相互对易, $[q_{cm}, p_r] = 0$. 因此应该可以求出它们的共同本征态在福克空间中的表示. 我们可以证明 q_{cm} 与 p_r 的共同本征态是

$$|\xi\rangle = \exp\left\{-\frac{1}{2}|\xi|^2 + \frac{1}{\sqrt{\lambda}}\left[\xi + (\mu_1 - \mu_2)\xi^*\right]a_1^\dagger\right.$$

$$
+ \frac{1}{\sqrt{\lambda}} \left[\xi^* - (\mu_1 - \mu_2) \, \xi \right] a_2^\dagger
$$

$$
+ \frac{1}{\sqrt{\lambda}} \left[(\mu_2 - \mu_1) \left(a_1^{\dagger 2} - a_2^{\dagger 2} \right) - 4\mu_1\mu_2 a_1^\dagger a_2^\dagger \right] \Bigg\} |00\rangle \tag{11.63}
$$

其中, $\xi = \xi_1 + \mathrm{i}\xi_2$ 是复数 (ξ_1 和 ξ_2 均为实数), $\lambda \equiv 2\left(\mu_1^2 + \mu_2^2\right)$. 将 a_1 和 a_2 分别作用于 $|\xi\rangle$ 态上, 得到

$$
a_1 |\xi\rangle = \left[\frac{2}{\sqrt{\lambda}} \left(\mu_1\xi_1 + \mathrm{i}\mu_2\xi_2 \right) - 4\frac{\mu_1\mu_2}{\lambda} a_2^\dagger + \frac{2}{\lambda} \left(\mu_2 - \mu_1 \right) a_1^\dagger \right] |\xi\rangle \tag{11.64}
$$

$$
a_2 |\xi\rangle = \left[\frac{2}{\sqrt{\lambda}} \left(\mu_2\xi_1 - \mathrm{i}\mu_1\xi_2 \right) - 4\frac{\mu_1\mu_2}{\lambda} a_1^\dagger - \frac{2}{\lambda} \left(\mu_2 - \mu_1 \right) a_2^\dagger \right] |\xi\rangle \tag{11.65}
$$

由此给出

$$
(\mu_1 a_1 + \mu_2 a_2) |\xi\rangle = \left[\sqrt{\lambda}\xi_1 - \left(\mu_1 a_1^\dagger + \mu_2 a_2^\dagger \right) \right] |\xi\rangle \tag{11.66}
$$

$$
(\mu_1 a_2 - \mu_2 a_1) |\xi\rangle = \left[-\mathrm{i}\sqrt{\lambda}\xi_2 - \left(\mu_2 a_1^\dagger - \mu_1 a_2^\dagger \right) \right] |\xi\rangle \tag{11.67}
$$

考虑到

$$
q_{cm} = \frac{1}{\sqrt{2}} \left[\mu_1 \left(a_1 + a_1^\dagger \right) + \mu_2 \left(a_2 + a_2^\dagger \right) \right] \tag{11.68}
$$

$$
p_r = \frac{\mathrm{i}}{\sqrt{2}} \left[\mu_1 \left(a_2 - a_2^\dagger \right) - \mu_2 \left(a_1 - a_1^\dagger \right) \right] \tag{11.69}
$$

联立以上 3 式, 可知 $|\xi\rangle$ 确实是 q_{cm} 与 p_r 的共同本征态, ξ 的实部和虚部分别对应于 q_{cm} 与 p_r 的本征值, 即

$$
q_{cm} |\xi\rangle = \sqrt{\frac{\lambda}{2}}\xi_1 |\xi\rangle = \sqrt{\mu_1^2 + \mu_2^2}\xi_1 |\xi\rangle \tag{11.70}
$$

$$
p_r |\xi\rangle = \sqrt{\frac{\lambda}{2}}\xi_2 |\xi\rangle = \sqrt{\mu_1^2 + \mu_2^2}\xi_2 |\xi\rangle \tag{11.71}
$$

用 IWOP 方法可以很方便地证明 $|\xi\rangle$ 的完备性:

$$
\int \frac{\mathrm{d}^2\xi}{\pi} |\xi\rangle \langle\xi|
$$

$$
= \int \frac{\mathrm{d}^2\xi}{\pi} : \exp\Bigg\{ -|\xi|^2 + \frac{\xi}{\sqrt{\lambda}} \left[(\mu_1 + \mu_2) \left(a_1^\dagger + a_2 \right) \right.
$$

$$
+ (\mu_1 - \mu_2) \left(a_1 - a_2^\dagger \right) \Bigg] + \frac{\xi^*}{\sqrt{\lambda}} \left[(\mu_1 - \mu_2) \left(a_1^\dagger - a_2 \right) \right.
$$

$$
+ (\mu_1 + \mu_2) \left(a_2^\dagger + a_1 \right) \Bigg]
$$

$$
+ \frac{1}{\lambda} (\mu_2 - \mu_1) \left(a_1^{\dagger 2} - a_2^{\dagger 2} + a_1^2 - a_2^2 \right) - a_1^\dagger a_1 - a_2^\dagger a_2
$$

$$- \frac{4}{\lambda} \mu_1 \mu_2 \left(a_1^\dagger a_2^\dagger + a_1 a_2 \right) \Bigg\} :$$
$$= 1 \tag{11.72}$$

为了求内积 $\langle \eta | \xi \rangle$，用双模相干态的完备性得到

$$\begin{aligned}
\langle \eta | \xi \rangle &= \langle \eta | \int \frac{\mathrm{d}^2 z_1 \mathrm{d}^2 z_2}{\pi^2} | z_1 z_2 \rangle \langle z_1 z_2 | \xi \rangle \\
&= \int \frac{\mathrm{d}^2 z_1 \mathrm{d}^2 z_2}{\pi^2} \exp \left[-\frac{1}{2} \left(|\xi|^2 + |\eta|^2 \right) \right] \\
&\quad \times \exp \Bigg\{ - |z_1|^2 - |z_2|^2 + \eta^* z_1 - \eta z_2 - z_1 z_2 \\
&\quad + \frac{1}{\sqrt{\lambda}} \left[\xi + (\mu_1 - \mu_2) \xi^* \right] z_1^* + \frac{1}{\sqrt{\lambda}} \left[\xi^* - (\mu_1 - \mu_2) \xi \right] z_2^* \\
&\quad + \frac{1}{\lambda} \left[(\mu_2 - \mu_1) \left(z_1^{*2} - z_2^{*2} \right) - 4 \mu_1 \mu_2 z_1^* z_2^* \right] \Bigg\} \\
&= \sqrt{\frac{\lambda}{4}} \exp \left\{ \mathrm{i} \left[(\mu_1 - \mu_2) (\eta_1 \eta_2 - \xi_1 \xi_2) + \sqrt{\lambda} (\eta_1 \xi_2 - \eta_2 \xi_1) \right] \right\} \tag{11.73}
\end{aligned}$$

特别，当 $L_1 = L_2$，$\mu_1 = \mu_2$，$\lambda = 1$，则

$$\langle \eta | \xi \rangle \to \frac{1}{2} \exp \left[\mathrm{i} \left(\eta_1 \xi_2 - \eta_2 \xi_1 \right) \right] \tag{11.74}$$

其中，$\mathrm{i} \left(\eta_1 \xi_2 - \eta_2 \xi_1 \right)$ 为纯虚，故 $\langle \eta | \xi \rangle$ 可以被认为是傅里叶变换核.

11.6.2　用纠缠态表象解定态薛定谔方程 $H_0 | \psi \rangle = E_n | \psi \rangle$

记

$$H_0 = \frac{p_1^2}{2 A L_1} + \frac{p_2^2}{2 A L_2} - \frac{M}{A L_1 L_2} p_1 p_2 + \frac{(q_1 - q_2)^2}{2C} \quad \left(A = 1 - \frac{M^2}{L_1 L_2} \right)$$

令

$$p_1 = \mu_1 p + p_r, \quad p_2 = \mu_2 p - p_r \tag{11.75}$$
$$q_1 = q_c + \mu_2 q_r, \quad q_2 = q_c - \mu_1 q_r$$

并用式（11.23）定义

$$\nu \equiv A (L_1 + L_2), \quad \mu \equiv A \frac{L_1 L_2}{L_1 + L_2} = A^2 \frac{L_1 L_2}{\nu} = \nu \mu_1 \mu_2, \quad K \equiv \frac{M}{\sqrt{L_1 L_2}} \tag{11.76}$$

就可将

$$\frac{p_1^2}{2 A L_1} + \frac{p_2^2}{2 A L_2} = \frac{p^2}{2\nu} + \frac{p_r^2}{2\mu} \tag{11.77}$$

于是写 H_0 为

$$H_0 = \left(\frac{1}{2\nu} - \frac{K\mu_1\mu_2}{A\sqrt{L_1L_2}} \right) p^2 + \left(\frac{1}{2\mu} + \frac{K}{A\sqrt{L_1L_2}} \right) p_r^2 \tag{11.78}$$

$$- \frac{K(\mu_2 - \mu_1)}{A\sqrt{L_1L_2}} pp_r + \frac{q_r^2}{2C} \tag{11.79}$$

能量本征方程为

$$\langle\eta| H_0 |E_n\rangle = E_n \langle\eta| E_n\rangle$$

$$= \left(\frac{1}{\nu} - \frac{2K}{A\sqrt{L_1L_2}}\mu_1\mu_2 \right) \eta_2^2 \langle\eta| E_n\rangle + \left(\frac{1}{2\mu} + \frac{K}{A\sqrt{L_1L_2}} \right) \langle\eta| p_r^2 |E_n\rangle$$

$$- \frac{K(\mu_2 - \mu_1)}{A\sqrt{L_1L_2}} \sqrt{2}\eta_2 \langle\eta| p_r |E_n\rangle + \frac{\eta_1^2}{C} \langle\eta| E_n\rangle \tag{11.80}$$

由式（11.71）和式（11.73），得到在纠缠态表象中

$$\langle\eta| p_r = \langle\eta| p_r \int \frac{\mathrm{d}^2\xi}{\pi} |\xi\rangle \langle\xi| = \int \frac{\mathrm{d}^2\xi}{\pi} \sqrt{\frac{\lambda}{2}} \xi_2 \langle\eta| \xi\rangle \langle\xi|$$

$$= -\sqrt{\frac{1}{2}} \left[\mathrm{i}\frac{\partial}{\partial\eta_1} + (\mu_1 - \mu_2)\eta_2 \right] \int \frac{\mathrm{d}^2\xi}{\pi} \langle\eta| \xi\rangle \langle\xi|$$

$$= -\sqrt{\frac{1}{2}} \left[\mathrm{i}\frac{\partial}{\partial\eta_1} + (\mu_1 - \mu_2)\eta_2 \right] \langle\eta| \tag{11.81}$$

代入上式给出

$$E_n \langle\eta| E_n\rangle = \left\{ -\frac{1}{2} \left(\frac{1}{2\mu} + \frac{K}{A\sqrt{L_1L_2}} \right) \left[\frac{\partial}{\partial\eta_1} - \mathrm{i}(\mu_1 - \mu_2)\eta_2 \right]^2 \right. \tag{11.82}$$

$$+ \mathrm{i}\eta_2 \frac{K(\mu_2 - \mu_1)}{A\sqrt{L_1L_2}} \left[\frac{\partial}{\partial\eta_1} - \mathrm{i}(\mu_1 - \mu_2)\eta_2 \right]$$

$$\left. + \left(\frac{1}{\nu} - \frac{2K}{A\sqrt{L_1L_2}}\mu_1\mu_2 \right) \eta_2^2 + \frac{\eta_1^2}{C} \right\} \langle\eta| E_n\rangle$$

假定波函数 $\langle\eta| E_n\rangle$ 形为

$$\langle\eta| E_n\rangle = \exp\left[\mathrm{i}(\mu_1 - \mu_2)\eta_1\eta_2\right] \psi_n \tag{11.83}$$

ψ_n 应如此确定, 注意到

$$\exp\left[-\mathrm{i}(\mu_1 - \mu_2)\eta_1\eta_2\right] \left[\frac{\partial}{\partial\eta_1} - \mathrm{i}(\mu_1 - \mu_2)\eta_2 \right] \exp\left[\mathrm{i}(\mu_1 - \mu_2)\eta_1\eta_2\right] = \frac{\partial}{\partial\eta_1}$$
$$\tag{11.84}$$

则式（11.82）转换为关于 ψ_n 的微分方程

$$\left[-\frac{1}{2} \left(\frac{1}{2\mu} + \frac{K}{A\sqrt{L_1L_2}} \right) \frac{\partial^2}{\partial\eta_1^2} + \mathrm{i}\eta_2 \frac{K(\mu_2 - \mu_1)}{A\sqrt{L_1L_2}} \cdot \frac{\partial}{\partial\eta_1} \right.$$

$$+ \left(\frac{1}{L} - \frac{2K}{A\sqrt{L_1 L_2}} \mu_1 \mu_2 \right) \eta_2^2 + \frac{\eta_1^2}{C} - E_n \Bigg] \psi_n = 0 \tag{11.85}$$

设其解形为

$$\psi_n = \exp \left[\frac{-2\mathrm{i}\eta_1\eta_2 \dfrac{K\mu(\mu_1 - \mu_2)}{A\sqrt{L_1 L_2}}}{1 + 2\mu \dfrac{K}{A\sqrt{L_1 L_2}}} \right] \varphi_n \equiv \mathrm{e}^{\mathrm{i}\eta_1\rho} \varphi_n \tag{11.86}$$

其中

$$\rho \equiv \frac{-\dfrac{2\mu\eta_2 K(\mu_1 - \mu_2)}{A\sqrt{L_1 L_2}}}{1 + \dfrac{2\mu K}{A\sqrt{L_1 L_2}}} \tag{11.87}$$

这里 φ_n 待定, 用

$$\mathrm{e}^{-\mathrm{i}\eta_1\rho} \frac{\partial}{\partial \eta_1} \mathrm{e}^{\mathrm{i}\eta_1\rho} = \frac{\partial}{\partial \eta_1} + \mathrm{i}\rho \tag{11.88}$$

及式 (11.87) 我们可见式 (11.85) 中的前两项化为

$$-\frac{1}{2} \left(\frac{1}{2\mu} + \frac{K}{A\sqrt{L_1 L_2}} \right) \frac{\partial^2}{\partial \eta_1^2} \psi_n + \mathrm{i}\eta_2 \frac{K(\mu_2 - \mu_1)}{A\sqrt{L_1 L_2}} \cdot \frac{\partial}{\partial \eta_1} \psi_n$$

$$= -\frac{1}{2} \left(\frac{1}{2\mu} + \frac{K}{A\sqrt{L_1 L_2}} \right) \frac{\partial}{\partial \eta_1} \left(\frac{\partial}{\partial \eta_1} - 2\mathrm{i}\rho \right) \mathrm{e}^{\mathrm{i}\eta_1\rho} \varphi_n$$

$$= -\frac{1}{2} \left(\frac{1}{2\mu} + \frac{K}{A\sqrt{L_1 L_2}} \right) \mathrm{e}^{\mathrm{i}\eta_1\rho} \left(\frac{\partial}{\partial \eta_1} + \mathrm{i}\rho \right) \left(\frac{\partial}{\partial \eta_1} - \mathrm{i}\rho \right) \varphi_n$$

$$= -\frac{1}{2} \left(\frac{1}{2\mu} + \frac{K}{A\sqrt{L_1 L_2}} \right) \mathrm{e}^{\mathrm{i}\eta_1\rho} \left(\frac{\partial^2}{\partial \eta_1^2} + \rho^2 \right) \varphi_n$$

$$= -\mathrm{e}^{\mathrm{i}\eta_1\rho} \left[\frac{1}{2} \left(\frac{1}{2\mu} + \frac{K}{A\sqrt{L_1 L_2}} \right) \frac{\partial^2}{\partial \eta_1^2} + \frac{\eta_2^2 \dfrac{\mu K^2 (\mu_1 - \mu_2)^2}{A^2 L_1 L_2}}{1 + \dfrac{2\mu K}{A\sqrt{L_1 L_2}}} \right] \varphi_n \tag{11.89}$$

将式 (11.89) 代入式 (11.85) 并用式 (11.76) 与式 (11.23), 我们得到关于 φ_n 的微分方程

$$\left[-\frac{1}{2} \left(\frac{1}{2\mu} + \frac{K}{A\sqrt{L_1 L_2}} \right) \frac{\partial^2}{\partial \eta_1^2} + \frac{\eta_1^2}{C} + \frac{\dfrac{1}{\nu} - \dfrac{K^2 \mu}{A^2 L_1 L_2}}{1 + \dfrac{2\mu K}{A\sqrt{L_1 L_2}}} \eta_2^2 - E_n \right] \varphi_n = 0 \tag{11.90}$$

将它与谐振子的标准方程比较

$$-\frac{1}{2m} \cdot \frac{\mathrm{d}^2}{\mathrm{d}x^2} \varphi_n + \frac{1}{2} m\omega^2 x^2 \varphi_n = \varepsilon_n \varphi_n \tag{11.91}$$

其能级是 $\varepsilon_n = \left(n + \dfrac{1}{2}\right)\omega$, 我们得到相应于式（11.90）中 φ_n 的本征能:

$$E_n = \frac{1 - K^2}{\nu\left(1 + \dfrac{2\mu K}{A\sqrt{L_1 L_2}}\right)}\eta_2^2 + \left(n + \frac{1}{2}\right)\sqrt{\frac{1}{\mu C}}\sqrt{1 + \frac{2\mu K}{A\sqrt{L_1 L_2}}} \quad (n = 0, 1, \cdots)$$

$$(11.92)$$

11.6.3　此电路的特征频率和磁能

从式（11.92）以及 $A = 1 - K^2 = 1 - \dfrac{M^2}{L_1 L_2}$, $\mu = A^2\dfrac{L_1 L_2}{\nu}$, 和 $\nu = A(L_1 + L_2)$, 我们得到此电路的特征频率:

$$\sqrt{\frac{1}{\mu C}}\sqrt{1 + \frac{2\mu K}{A\sqrt{L_1 L_2}}} = \sqrt{\frac{L_1 + 2M + L_2}{(L_1 L_2 - M^2)C}}$$

$$(11.93)$$

我们分析式（11.92）中的第一项, 从式（11.78）知道

$$[p^2, H_0] = 0$$

$$(11.94)$$

故 p 守恒, 从 $p|\eta\rangle = \sqrt{2}\eta_2|\eta\rangle$, 可将 $\dfrac{p^2}{2}$ 代替 η_2^2, 再用式（11.76）我们看到式（11.92）中的第一项是

$$\frac{1 - K^2}{\nu\left(1 + \dfrac{2\mu K}{A\sqrt{L_1 L_2}}\right)}\frac{p^2}{2} = \frac{1}{(L_1 + L_2)\left(1 + \dfrac{2M}{L_1 + L_2}\right)}\frac{(p_1 + p_2)^2}{2}$$

$$= \frac{[L_1 I_1 + M(I_1 + I_2) + L_2 I_2]^2}{2(L_1 + 2M + L_2)}$$

$$(11.95)$$

它是在所有电感中的能量（磁能）, 故而

$$E_n = \frac{[L_1 I_1 + M(I_1 + I_2) + L_2 I_2]^2}{2(L_1 + 2M + L_2)} + \left(n + \frac{1}{2}\right)\sqrt{\frac{L_1 + 2M + L_2}{(L_1 L_2 - M^2)C}}$$

$$(11.96)$$

其中第一项相比于经典方法处理电路的途径是新出现的, 这就是量子力学处理介观电路的妙处.

进一步, 从式（11.83）、式（11.86）和式（11.87）我们得到纠缠态表象中的能量波函数:

$$\langle \eta | E_n \rangle = \sqrt{\frac{\alpha}{\sqrt{\pi} 2^n n!}} \exp\left[i\eta_1 \eta_2 \frac{(\mu_1 - \mu_2)(L_1 + L_2)}{L_1 + 2M + L_2} \right]$$

$$\cdot \exp\left(-\frac{1}{2}\alpha^2 \eta_1^2\right) H_n(\alpha \eta_1) \tag{11.97}$$

$$\alpha = \frac{1}{\sqrt{2\sqrt{C}}} \left[\frac{L_1 + 2M + L_2}{(1 - K^2) L_1 L_2} \right]^{\frac{3}{4}}$$

这里 H_n 是厄密多项式.

后　记

速成读书是为能独立研究做铺垫的，最好是边读物理书边找课题做.

记得前年某日，有校园学生记者团成员来访，问范老师你能在理论物理学方面发表 900 多篇 SCI 论文，读书行文必有诀窍，能否介绍一二. 我给出的诀窍就是紧盯着物理大师的论文或专著，时不时地翻看，这样做的目的有两个：一是反复领会其思想的来龙去脉，试图寻见其不足，或有孔隙可填；二是或有新形式可发展. 由于大师的文章大都是原创性的，点铁成金、千锤百炼而得，所以想找到它们的不足处，殊不容易. 然而，智者千虑必有一失，愚者百思或有一得，我还是找到了不少机会. 现例举如下：

(1) 常用于量子化学求系统能级的费曼–海尔曼（Feynan-Hellman）定理是针对纯态而言的，我意识到这一点后，马上和陈伯展推导出了混态情形下的相应定理，丰富了量子统计及热力学公式.

(2) 电子在均匀磁场中的量子力学规律最先由朗道推导，但他未考虑轨道中心坐标的不对易性. 于是我引入了相应的纠缠态表象与轨道变形的压缩机制.

(3) 爱因斯坦等提出量子纠缠，但只写出两体波函数，我引入了连续变量纠缠态表象.

(4) 朗道最早引入密度矩阵，我给出如何发现新密度矩阵的新途径.

(5) 海森伯方程与薛定谔方程地位是等价的，后者可用于求哈密顿量本征态, 但前者很难用于求能级, 我取海、薛之所长, 提出了不变本征算符方法, 适用于求不同晶格的能级.

(6) 对于经典光学的菲涅耳变换, 我找到其量子对应算符.

(7) 关于如何将算符化为 Weyl 排序, 我找到了公式.

(8) 对于著名的勒让德函数, 我发现了其母函数公式, 填补了数学物理的空白.

(9) 我与楼森岳一起, 提出算符厄密多项式理论, 并自然过渡到拉盖尔多项式 (有专著).

(10) 导出光子统计的广义普朗克公式和相应的费米统计公式.

(11) 发展了狄拉克符号法, 并得到广泛的应用.

有序算符内的积分方法迟早要进入量子力学教科书, 对于守残抱缺、墨守成规者而言, 可谓"青山遮不住, 毕竟东流去"也.

像样的工作我还有不少, 如与任勇一起导出转动群类算符的公式, 与陈俊华一起导出激光的熵的演变规律, 提出光子计数新公式, 与吴泽一起探新量子纠缠有无经典对应, 等等. 值得庆幸的是, 我的研究生胡利云、孟祥国、袁洪春、徐学翔、何锐等也各有建树, 有的学术水平甚至超过了我, 可谓"沉舟侧畔千帆过"了.

期望读者能够从本书中学会如何欣赏物理, 如何独立做科研.

范洪义

2023 年 6 月